ΣBEST シグマ

シグマ基本問題集

生物基礎

文英堂編集部 編

BIOLOGY

文英堂

特色と使用法

◎『**シグマ基本問題集 生物基礎**』は，問題を解くことによって教科書の内容を基本からしっかりと理解していくことをねらった**日常学習用問題集**である。編集にあたっては，次の点に気を配り，これらを本書の特色とした。

学習内容を細分し，重要ポイントを明示

● **学校の授業にあった学習をしやすい**ように，「生物基礎」の内容を25の項目に分けた。また，**テストに出る重要ポイント**では，その項目での重要度が非常に高く，必ずテストに出そうなポイントだけをまとめた。必ず目を通すこと。

「基本問題」と「応用問題」の２段階編集

● **基本問題** は教科書の内容を理解するための問題で，**応用問題** は教科書の知識を応用して解く発展的な問題である。どちらも小問ごとに できたらチェック 欄を設けてあるので，できたかどうかチェックし，弱点の発見に役立ててほしい。また，解けない問題は ガイド などを参考にして，できるだけ自分で考えよう。

定期テスト対策も万全

● **基本問題** のなかで定期テストで必ず問われる問題には テスト必出 マークをつけ，**応用問題** のなかで定期テストに出やすい応用的な問題には 差がつく マークをつけた。テスト直前には，これらの問題をもう一度解き直そう。

くわしい解説つきの別冊正解答集

● 解答は答え合わせをしやすいように別冊とし，**問題の解き方が完璧(かんぺき)にわかるようくわしい解説をつけた**。また， テスト対策 では，定期テストなどの試験対策上のアドバイスや留意点を示した。大いに活用してほしい。

本書では，「生物」の範囲だが「生物基礎」と関連が深く，授業やテストに出てくることが考えられる内容も ◘ マークや 発展 マークをつけて扱った。ぜひ取り組んでほしい。

もくじ

1章 生物の多様性と共通性

1 生命とは …… 4
2 細胞の特徴 …… 6
3 細胞の観察 …… 10
4 代謝とATP …… 12
5 光合成と呼吸 …… 14
6 代謝と酵素 …… 18

2章 遺伝子とそのはたらき

7 DNAの構造 …… 22
8 DNAの複製と遺伝子の分配 …… 24
9 遺伝情報の発現 …… 28
10 ゲノムと遺伝情報 …… 33

3章 生物の体内環境の維持

11 体内環境と恒常性 …… 36
12 ヒトの神経系と自律神経系 …… 38
13 ホルモンとそのはたらき …… 42
14 ホルモンと自律神経による調節 …… 44
15 体液の循環 …… 46
16 肝臓と腎臓 …… 50
17 自然免疫 …… 52
18 適応免疫とその応用 …… 54

4章 生物の多様性と生態系

19 植生とその構造 …… 58
20 植物の成長と光 …… 60
21 植生の遷移 …… 62
22 気候とバイオーム …… 66
23 生態系の成り立ち …… 70
24 多様性と生態系のバランス …… 73
25 生態系と人間活動 …… 76

◆ 別冊正解答集

1 生命とは

テストに出る重要ポイント

- **生物の多様性**…地球上で確認された約190万種の多様な種は生物の進化によって誕生。
  種…生物を分類するときの基本単位。
- **生物の共通性**…共通の祖先から進化してきたことに由来。
  ① **細胞でできている**　細胞質の最外層に細胞膜。→*p.6*
  単細胞生物…からだが1つの細胞でできている。
  多細胞生物…同じ形と機能の細胞が集合→組織。組織が集合→器官
  ② 生命活動に必要なエネルギーの受け渡しに，**ATP**(アデノシン三リン酸)という物質を利用。→*p.12*
  ③ **遺伝物質としてDNA**(デオキシリボ核酸)**をもつ**。→*p.22*
  DNA…タンパク質合成の情報➡タンパク質…生物の形質を決定。
  DNAは細胞分裂によって分配。DNAは生殖により親から子へ継承。
  ④ **体内環境を一定に保つはたらき**(**恒常性**)。→*p.36*
- **系統**…生物の進化の道筋，それを図示したものが**系統樹**。

基本問題 解答 ➡ 別冊*p.2*

できたらチェック。

□ **地球上では多様な環境のもとで多くの生物が生息している。文章中の空欄に入る適当な用語や語句を語群から選び，記号で答えよ。**

地球には多種多様な環境が存在し，環境にそれぞれ適応した生物が生活している。これらの生物は外見・生活の仕方などがさまざまで①(　　)が見られる。一方，地球上に生息している生物の間には，いくつかの②(　　)が存在することから，すべての生物は③(　　)してきたと考えられる。

〈語群〉　a. 共通点　　b. 多様性　　c. 共同性　　d. 独立性
e. 複数の始原生物から誕生し，さらに分化
f. 最初に誕生した共通の祖先から進化
g. 互いに関係なく，ほぼ現在の形に近い姿で地球上に誕生

2 生物の多様性 テスト必出

生物の多様性に関する次の⑴～⑷について正しいものを(　)から番号で選べ。

□ ⑴　生物を分類するときの基本単位…(①品種　②種　③科)

□ ⑵　現在知られている生物の種類…(①約10万　②約200万　③約100億)

□ ⑶　地球上で最も種が多い生物…(①節足動物　②被子植物　③脊椎動物)

□ ⑷　生物の進化に基づく類縁関係を図に表したもの
…(①家系図　②血統書　③系統樹)

3 生物の共通性

生物が共通してもつ特徴に関する次の各文中の空欄に適語を入れよ。

□ ①　生物は遺伝情報を保持し子孫に伝える物質として(　　)をもつ。

□ ②　生命活動に用いるエネルギーは(　　)の化学エネルギーの形で保持される。

□ ③　生物のからだは，構造と機能の単位である(　　)で構成されている。ウイルスはこの構造をもたず，生物として扱われないことが多い。

□ ④　生物の体内の状態の変化の大きさは，外部環境の変化と比べて(　　)。

4 DNA

□　**次の文章はDNAに関するものである。空欄に適する語を語群から選べ。**

遺伝情報であるDNAには①(　　)を合成する情報が含まれており，この①が生物の②(　　)を決定する。DNAは③(　　)により，親から子に受け継がれる。また，複製と④(　　)をくり返すことによって，からだを形成するほぼすべての細胞に同じDNAが共有される。

〈語群〉　A　体細胞分裂　　B　ATP　　C　炭水化物　　D　タンパク質
　　　　E　生殖　　F　食物連鎖　　G　形質　　H　性格

5 多細胞生物のからだ

□　**多細胞生物のからだのつくりに関する次の文章の空欄に適語を入れよ。**

多細胞生物のからだは多くの①(　　)が集合して構成されている。その①は同じような形や性質をもつものどうしが集まり②(　　)を形成する。さらに，複数の②が集まって特定のはたらきをもつ③(　　)が形成され，いくつものさまざまなはたらきをもつ③が組み合わさって個体が成り立っている。一方，からだが1つの①でできている生物を④(　　)という。微生物には④が多いが，ゾウリムシ，ミジンコ，アメーバのうち⑤(　　)は多細胞生物である。

2 細胞の特徴

テストに出る重要ポイント

- **細胞の多様性**…いろいろな大きさ・形状・はたらきの細胞がある。
  例 大腸菌…約3 μm，ヒトの赤血球…約7.5 μm，
  ゾウリムシ…約200〜250 μm，ヒトの座骨神経…長さ1 m以上
  長さの単位…1 mm = 1000 μm（マイクロメートル），1 μm = 1000 nm（ナノメートル）
- **原核細胞と真核細胞**
  ① **原核細胞**…細胞内に核膜をもたない細胞。一般に原核細胞のほうが真核細胞より小さい。
  ② **原核生物**…原核細胞からなる生物。➡ **細菌類**
  ③ **真核細胞**…核膜に包まれた核をもつ細胞。細胞小器官が発達。
  ④ **真核生物**…真核細胞をもつ生物。➡ 原核生物以外の生物
- **真核細胞の構造**…細胞膜により外界と区分。**核**と**細胞質**からなる。

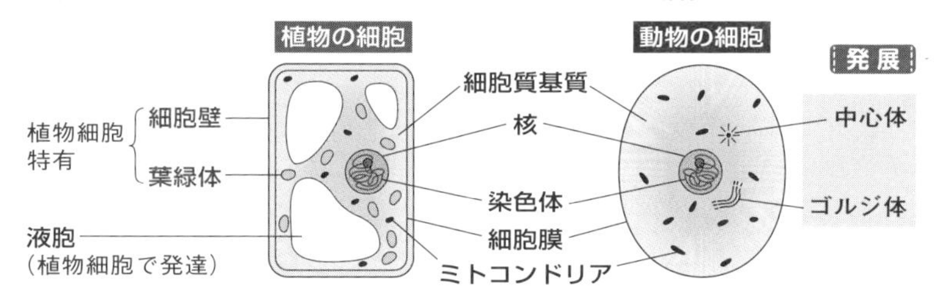

- **細胞小器官**…核やミトコンドリアなど細胞内にある構造。
- **細胞質基質**…細胞小器官の間を満たす。流動している（**原形質流動**）。
- **原核細胞と真核細胞のつくりの比較**
  ① 核…**真核のみ**（動 植）。DNAとタンパク質が成分。
  ② **細胞膜**…原核・真核（動 植）ともにもつ。リン脂質が成分。
  ③ ミトコンドリア…真核のみ（動 植）。二重膜。**呼吸の場**（ATPの合成）
  ④ **葉緑体**…**真核のみ**（植）。**光合成の場**。CO_2と水から有機物を合成。
  ⑤ **細胞質基質**…すべての生物。水とタンパク質が主成分。**タンパク質の合成**・各種化学反応の場。
  ⑥ **細胞壁**…**原核・真核**（植）。植物では**セルロース**が主成分。
  ⑦ **液胞**…**真核のみ**。物質の貯蔵・濃度調節。

基本問題

解答 ➡ 別冊p.2

6　真核細胞の構造とはたらき　テスト必出

できたらチェック。

次の図は，真核細胞を顕微鏡で観察したときの模式図である。これについて，各問いに答えよ。

□ (1)　図中ア～カの名称を答えよ。

□ (2)　植物細胞はAとBのどちらか。また，そう判断した理由を答えよ。

□ (3)　次の記述に関連の深いものを図中のア～カから1つずつ選び，記号で答えよ。

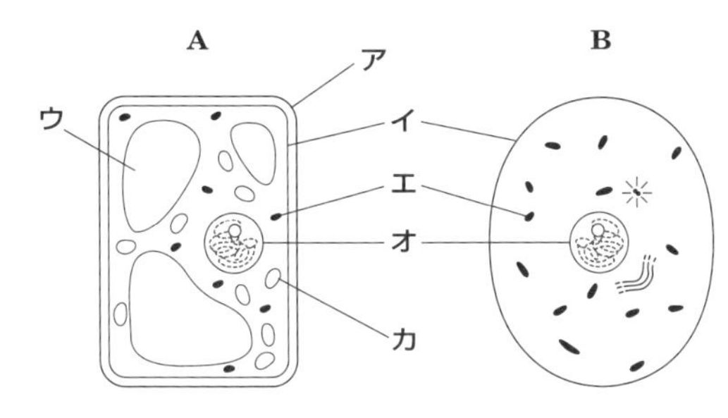

①　光合成を行い，光エネルギーからATPを合成する。

②　有機物を分解してATPを合成する。

③　細胞内へ物質を取り込んだり，細胞外へ物質を移動させる。

④　遺伝情報を保持し，細胞の生命活動をコントロールする。

⑤　タンパク質や糖などの有機物を含む細胞液に満たされる。

⑥　細胞を保護し，細胞の形状を保つ。

7　原核生物と真核生物

次の記述のうち，原核生物だけに当てはまるものにA，真核生物だけに当てはまるものにB，どちらにも当てはまるものにCをつけよ。

□ ①　遺伝物質としてDNAをもつ。

□ ②　核膜に包まれた核をもつ。

□ ③　細胞膜で外界と仕切られている。

□ ④　呼吸によりATPを合成する。

□ ⑤　大腸菌や乳酸菌などの細菌，ネンジュモやユレモが含まれる。

□ ⑥　単細胞生物であるゾウリムシやアメーバが含まれる。

□ ⑦　ミトコンドリアや葉緑体といった細胞小器官がない。

ガイド　原核生物は細胞小器官としての核はもたないが，その役割を果たす遺伝物質は，すべての生物に共通する特徴として細胞内に含んでいる。

8 原核生物と原核細胞の構造 〈テスト必出〉

次の各問いに答えよ。

□ (1) 次のなかから原核生物をすべて選び，番号で答えよ。

①　ネンジュモ　②　アメーバ　③　大腸菌　④　ユレモ
⑤　酵母菌　⑥　アオカビ　⑦　ミドリムシ　⑧　ゾウリムシ
⑨　イシクラゲ

□ (2) 細胞を構成する次の構造物のうち大腸菌にあるものはどれか，すべて答えよ。

ア　細胞壁　イ　ミトコンドリア　ウ　葉緑体　エ　核
オ　細胞膜

ガイド　原核細胞でできている生物を原核生物，真核細胞でできている生物を真核生物といい，原核生物には，細菌などの原始的な生物が含まれる。

9 細胞の大きさ

□ 次の**a**～**d**のおおよその大きさをそれぞれ選び，番号で答えよ。

a　インフルエンザウイルス　①1 μm　②0.1 μm　③0.01 μm
b　大腸菌　①30 μm　②3 μm　③0.3 μm
c　ヒトの赤血球　①100 μm　②10 μm　③1 μm
d　ヒトの卵　①1 mm　②0.1 mm　③0.01 mm

応用問題

解答 ➡ 別冊*p.3*

10

発展　試料A，B，Cの細胞の内部構造を電子顕微鏡で調べたところ，次のような特徴をもつ構造体**a**～**e**が観察された。これについて，あとの問いに答えよ。

a，**b**，**c**はいずれも二重膜で包まれた構造体で，**a**には膜に穴があいている点で**b**や**c**と異なっていた。分裂時の細胞では**d**のまわりから紡錘糸が伸びていた。**e**では袋状の構造が層をなしていた。

構造体	a	b	c	d	e
試料A	−	−	−	−	−
試料B	＋	＋	＋	−	＋
試料C	＋	＋	−	＋	＋

試料A，B，Cにおけるこれらの構造体の有無を整理すると上の表のようになった。表中の＋は存在すること，−は存在しないことを表している。

できたらチェック。

□ (1) 試料A～Cはホウレンソウの葉，大腸菌，マウスの肝臓のいずれかであり，構造体**a**〜**c**はミトコンドリア，核，葉緑体のいずれかである。試料**A**〜**C**および構造体**a**〜**c**はそれぞれ何に相当するか。

□ (2) 構造体**d**，**e**は中心体，ゴルジ体のいずれかである。それぞれどちらに相当するか。

□ (3) 構造体**a**をもたない生物を，これをもつ生物と対比して何と呼ぶか。

11 発展 **細胞小器官の分離方法とはたらきを調べる実験に関する次の文を読み，以下の問いに答えよ。**

ホウレンソウの新鮮な葉をきざみ，約9％のスクロースを含む溶液に入れ，低温に保ちながらすりつぶして破砕液を作成した。これをガーゼでろ過し，得られたろ液を遠心管に入れ，遠心分離機を用いて遠心分離の強さを次第に上げながら4回の遠心分離を行った。その結果4つの沈殿と上澄みが得られた。最も弱い最初の遠心分離で得られた沈澱を**A**，以後，沈澱**B**，沈澱**C**とし，最も強い最後の遠心分離で得られた沈澱を**D**とする。

□ (1) 葉をすりつぶすとき，約9％スクロースを含む溶液を用いた理由を下から番号で選べ。

① 細胞小器官に栄養を与えるため。

② 細胞内に含まれる溶液の濃度に近い濃度にするため。

③ 滑らかにすりつぶせるようにするため。

④ 細胞小器官からなるべく多くの水分を出させるため。

□ (2) 葉をすりつぶすとき，低温に保った理由を下から番号で選べ。

① 細胞内ではたらく酵素の活性を高く保つため。

② 滑らかにすりつぶせるようにするため。

③ 細胞内ではたらく酵素の活性を低く抑えるため。

④ 細胞内に存在する酵素を破壊するため。

□ (3) 生じた各沈殿を顕微鏡で観察したところ，沈殿**A**には核や細胞壁が，沈殿Bには5 μmほどの緑色の顆粒が，沈殿**C**には3 μmほどの構造が確認できた。次の記述は沈殿**A**〜**D**のいずれに該当するか。記号で答えよ。

① 呼吸に関する酵素を多く含む。

② DNAを多量に含む。

③ セルロースを多量に含む。

④ 光合成に関する酵素を多く含む。

3 細胞の観察

テストに出る重要ポイント

- **顕微鏡の分解能**…離れている2点を見分けられる最小の長さ。
  光学顕微鏡は約0.2 μm（マイクロメートル），電子顕微鏡は約0.2 nm（ナノメートル）。
- **光学顕微鏡の総合倍率＝対物レンズの倍率×接眼レンズの倍率**
- **顕微鏡観察と染色液**
  - 核…酢酸カーミン（赤），酢酸オルセイン（赤）
  - ミトコンドリア…ヤヌスグリーンB（青緑）
  - 液胞…ニュートラルレッド（赤）
  - 細胞壁…サフラニン（赤） 発展
- **ミクロメーター**
  ① **対物ミクロメーター**…1目盛りの長さ10 μm（1 mmを100等分）
  ② **接眼ミクロメーター**…検鏡する際に**接眼レンズに入れる**。倍率により1目盛りの長さが異なる。
  ③ **接眼ミクロメーターの1目盛りが示す長さ**

$$=\frac{\text{対物ミクロメーターの目盛り数}}{\text{接眼ミクロメーターの目盛り数}}\times 10\,\mu\text{m}$$

基本問題

解答 ➡ 別冊 p.3

12 顕微鏡を用いた観察　テスト必出

次に示したのは，タマネギの表皮細胞を観察する手順である。これについて，あとの各問いに答えよ。

a　タマネギのりん葉を5 mm四角にはぎとり，酢酸カーミン溶液で染色した後にプレパラートにした。

b　顕微鏡に対物レンズと接眼レンズをセットし，プレパラートをステージに載（の）せ，低倍率の対物レンズを使ってピントを合わせた。

c　レボルバーを回転し，高倍率の対物レンズに変え，微動ねじでピントをさらにきちんと合わせて観察した。

できたらチェック。

□ (1)　対物レンズと接眼レンズは，どちらを先に顕微鏡に取りつけるか。

□ (2) 低倍率でピントを合わせるときは，次のどちらの操作を行うか。

A 対物レンズとステージを近づけながらピントを合わせる。

B 対物レンズとステージを遠ざけながらピントを合わせる。

□ (3) コントラストを強くする(明暗をはっきりさせる)ときは，しぼりを全開にするのがよいか，やや絞るのがよいか。

□ (4) ピントが合っているとき，対物レンズの先端とプレパラートの距離は，低倍率のレンズと高倍率のレンズではどちらが大きいか。

□ (5) 染色されたタマネギの表皮細胞で，酢酸カーミン溶液によって特に濃く染色される部分は何という細胞小器官か。

□ (6) 顕微鏡下で，細胞小器官や細胞全体の大きさを測定するのには，何を用いるか。必要な器具を2つ示せ。

□ (7) 「ごみ」が見える場合，プレパラートに付着しているのか，それとも接眼レンズに付着しているのかを判断するにはどうすればよいか。

応用問題

解答 ➡ 別冊 *p.4*

13 〈差がつく〉 細胞の大きさの測定に関する以下の問いに答えよ。

接眼ミクロメーターを用いて400倍の倍率で対物ミクロメーターを観察したら，右の図1のようになった。対物ミクロメーターは1 mmを100等分した目盛りをつけたものである。また，図2は同じ倍率で，接眼ミクロメーターを使って細胞を観察した結果である。

できたらチェック。

(図1)

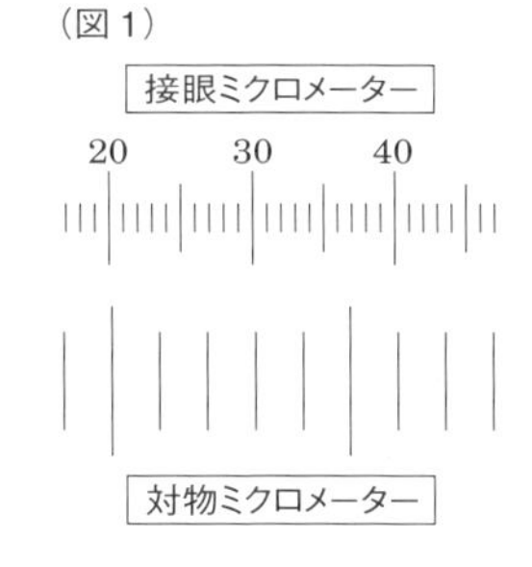

(図2)

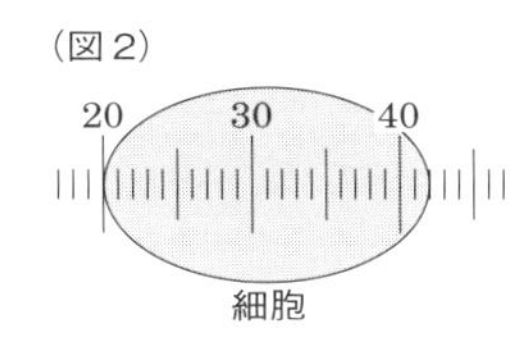

□ (1) このとき接眼ミクロメーター1目盛りは何μmか。また，観察した細胞の大きさは何μmか。

□ (2) 同様の倍率で，原形質流動を行っている細胞を観察したところ，細胞内の1個の顆粒(かりゅう)が，接眼ミクロメーターの10の目盛りを横切ってから20の目盛りを横切るまで3. 4秒かかった。この顆粒の移動の速さは何μm/sか。四捨五入して小数第1位まで求めよ。

4 代謝とATP

テストに出る重要ポイント

- **代謝**…生体(細胞)内で起こる化学反応。**酵素**によって進行。エネルギーの放出や取り込みが伴う。
- **異化と同化**
  - **同化**…単純な物質から**複雑な物質を合成**。エネルギーを吸収する。
  - **異化**…複雑な物質を**単純な物質に分解**。エネルギーを放出する。
- **光合成**…光エネルギーをATPなどの化学エネルギーに変換する反応。その化学エネルギーで二酸化炭素と水から有機物を合成する(**同化**)。
- **呼吸**…有機物を分解して化学エネルギーを取り出す反応(**異化**)。取り出されたエネルギーで**ATPを合成**。
- **ATP(アデノシン三リン酸)**…アデニン＋リボース(糖)＋3×リン酸
  リン酸どうしの結合にエネルギーが蓄えられる(**高エネルギーリン酸結合**)。生物の代謝によるエネルギーのやりとりはATPが仲立ち。

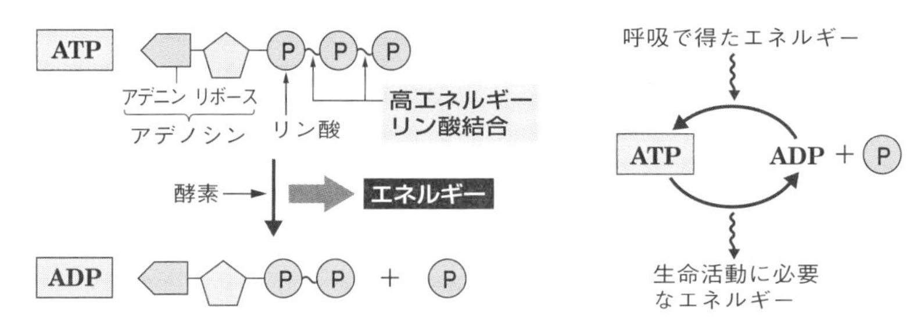

基本問題

解答 → 別冊*p.4*

できたらチェック。

14 生物とエネルギー 〈テスト必出〉

□ 次の文章の空欄に適当な語を語群から選び，記号で答えよ。

すべての生物の活動には①(　　)が必要である。生物は糖などの有機物を②(　　)と水などの無機物に分解してこの①を得ている。この過程を③(　　)という。このとき取り出されたエネルギーは④(　　)と呼ばれる化学物質の合成に利用され，これが生命活動に直接利用される。

〈語群〉 ア　ADP　イ　ATP　ウ　エネルギー　エ　酸素
オ　二酸化炭素　カ　呼吸　キ　光合成　ク　グリコーゲン

15 代謝 テスト必出

□ **次の記述は代謝に関するものである。空欄に適語を入れよ。**

生体内で起こる化学反応の過程を代謝という。代謝は①(　　)のはたらきによって常温で進行する。代謝の進行に伴い②(　　)の放出や吸収が起こる。代謝の例には，光エネルギーをATPなどの③(　　)エネルギーに変換して有機物を合成する光合成や，有機物から④(　　)エネルギーを取り出してATPを合成する⑤(　　)がある。

16 ATP

□ **ATPに関する次の記述の中で正しいものをすべて選び，番号で答えよ。**

① 動物は食べ物に含まれているATPだけを生命活動に利用できる。
② ATPはアデノシンとリン酸との結合部分に多量のエネルギーをもつ。
③ ATPは再合成ができないので，細胞内には多量に含まれている。
④ ADPからATPを再生するときにエネルギーを放出する。
⑤ ADPからATPを再生するときにはエネルギーが吸収される。
⑥ ATPが酵素によりADPとリン酸に分解される際，エネルギーを放出する。

応用問題

解答 → 別冊*p.4*

17 次の空欄に適語を入れ，下の問いに答えよ。

ATPはエネルギーを放出して①(　　)になり，この放出されるエネルギーが生命活動に利用される。①は②(　　)などによってエネルギーが供給されると，③(　　)1分子が結合して，ATPが再生される。大腸菌を適当な培地で24時間培養したところ，培養開始前と比較して培養24時間後では②速度が増加した。

できたらチェック。

□ **問**　このときタンパク質合成は著しく増加していたが，②に関する酵素のはたらきは変化していなかった。今，培養時にタンパク質合成を阻害する物質を同時に加えたとすると，②量の増加はどのようになると考えられるか。

5 光合成と呼吸

テストに出る重要ポイント

- **光合成の場**…**葉緑体**(植物細胞に存在する細胞小器官)
- **光合成の反応**
  ① 光エネルギーを**ATP**などの**化学エネルギー**に変換。
  ② ①のエネルギーを利用してデンプンなどの**有機物を合成**。

二酸化炭素 ＋ 水 ＋ 光エネルギー ⟶ 有機物 ＋ 酸素
CO_2　H_2O　$(C_6H_{12}O_6)$　O_2

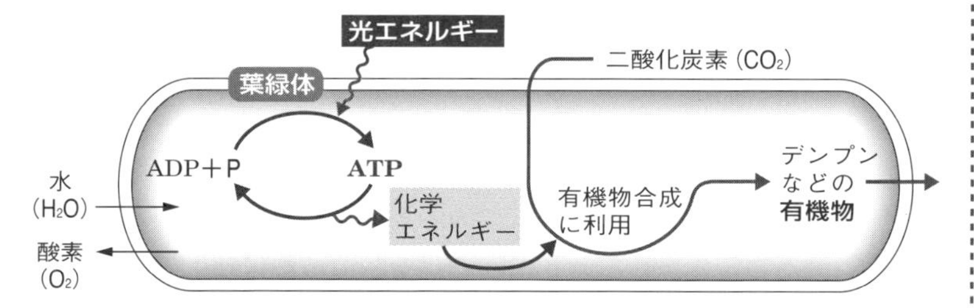

- **光合成産物の移動**…デンプン(葉緑体内)→スクロースなどに分解され，師管を通って植物体の各所に移動。
- **呼吸の場**…**ミトコンドリア**と細胞質基質。
- **呼吸の反応**
  ① 酵素のはたらきにより**有機物を二酸化炭素と水に分解**。
  ② ①のエネルギーを利用して**ADP**とリン酸から**ATPを合成**。

有機物 ＋ 酸素 ⟶ 二酸化炭素 ＋ 水 ＋ エネルギー
$(C_6H_{12}O_6)$　O_2　CO_2　H_2O　(ATP)

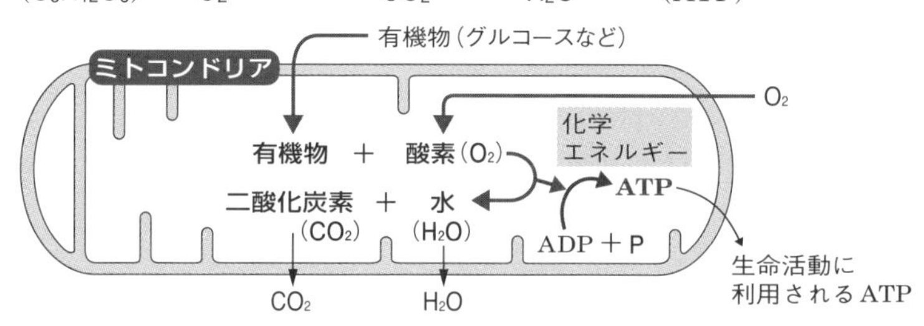

- **細胞内共生説** 発展 …原始的な真核細胞に**好気性細菌が細胞内共生** ➡ ミトコンドリア　シアノバクテリアが**細胞内共生** ➡ **葉緑体**
- **独立栄養生物**…外界から取り込んだ無機物から有機物を合成して生活する。

- **従属栄養生物**…ほかの生物がつくった有機物を取り込んで生活する。
- **独立栄養生物と従属栄養生物のつながり**

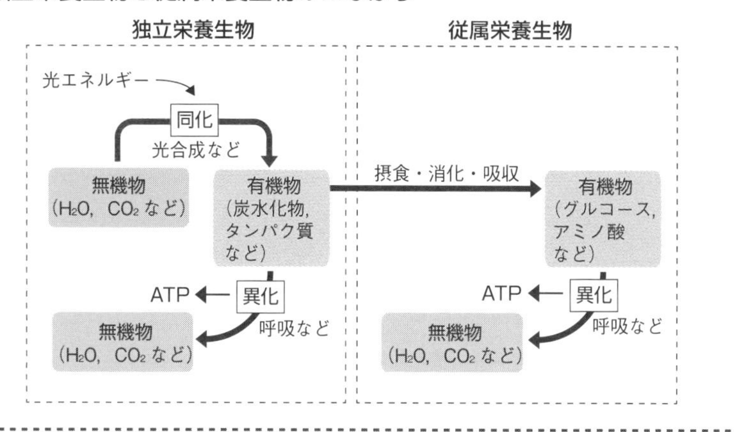

基本問題

解答 → 別冊p.5

できたらチェック。

18 光合成 〈テスト必出〉

□ 光合成に関する次の文中の各空欄に適する語を答えよ。

光合成は，植物などが①(　　)エネルギーを吸収して，ATPなどの②(　　)エネルギーに転換する化学反応で，細胞小器官の③(　　)にある酵素によって進行する。合成されたATPは葉から吸収した④(　　)をもとに⑤(　　)を合成するのに利用される。光合成のように生物がエネルギーを使って④のような簡単な物質から複雑な物質を合成する反応を⑥(　　)という。

19 呼吸

□ 呼吸に関する記述として正しいものを，次のA～Gからすべて選べ。

A　酸素を使って有機物を分解し，ATPからADPを合成する反応。
B　酸素を使って有機物を合成し，ADPとリン酸からATPを合成する反応。
C　酸素を使って有機物を分解し，ADPとリン酸からATPを合成する反応。
D　ミトコンドリアでの有機物の分解により，酸素と水が生じる。
E　ミトコンドリアでの有機物の分解により，水と二酸化炭素が生じる。
F　ミトコンドリアでの有機物の分解により，酸素と二酸化炭素が生じる。
G　光の強さに比例して，植物の呼吸速度も速くなる。

ガイド　呼吸はATPを合成する点で光合成と共通しているが光エネルギーは利用しない。

20 光合成と呼吸の特徴 テスト必出

次の記述について，光合成だけ当てはまるものに「光」，呼吸だけ当てはまるものに「呼」，両方に共通のものに「○」，どちらにも当てはまらないものには「×」をつけよ。

□ ①　化学エネルギーが生じる。
□ ②　有機物を分解して，酸素を放出する。
□ ③　有機物を合成して，酸素を放出する。
□ ④　真核生物の細胞膜で起こる反応である。
□ ⑤　原核生物のシアノバクテリアでも起こる反応である。
□ ⑥　反応に多くの酵素が関係している。

ガイド　細胞の生命活動では，物質を合成する反応でも**ATP**の化学エネルギーが必要。

21 独立栄養生物と従属栄養生物

次の文章の空欄に適する語を，下のア～キから１つずつ選べ。

□　独立栄養生物は，光合成により二酸化炭素や水などの①(　　)から炭水化物やタンパク質などの②(　　)をつくる。また，従属栄養生物は，独立栄養生物がつくった②を取り入れる。どちらの生物も呼吸により③(　　)というエネルギーの貯蔵物質がつくられる。

ア　無機物　　イ　細胞　　ウ　ATP　　エ　酵素　　オ　ADP
カ　有機物　　キ　DNA

応用問題

解答 ⟹ 別冊*p.5*

22 差がつく

図は，植物に見られるエネルギーの流れを模式的に示したものである。これに関して，以下の問いに答えよ。

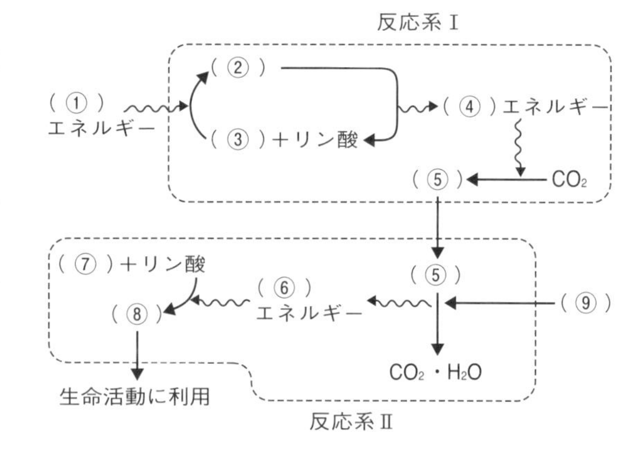

できたらチェック。

□ (1)　図中の空欄に適する語を入れよ。
□ (2)　反応系Ⅰ，Ⅱが起こる細胞小器官名を答えよ。

□ (3)　反応系Ⅱの名称を答えよ。

□ (4)　⑧が使われる生命活動の例を２つ答えよ。

□ (5)　⑤がデンプンとして蓄えられたあと，どのような物質に分解されて移動するか。また，分解された物質が植物体の各場所に移動するときの通路となる部位を答えよ。

ガイド　(4)細胞の行う生命活動のほとんどすべてで使われているほど非常にいろいろあるので，そのなかから２つ答える。

23 発展　次の空欄に適する語を答えよ。

□　原始的な真核生物は有機物を分解してエネルギーを取り出す際に酸素を利用することができず，むしろ酸素は有害な物質であった。しかし**A**(　　)を細胞内に取り込むことで酸素を用いた呼吸ができるようになったと考えられている。**A**はやがて細胞小器官の１つである**B**(　　)となり，その後同じように光合成を行う原核生物の**C**(　　)も真核細胞に取り込まれ，植物細胞の**D**(　　)になったと考えられている。このような考えを**E**(　　)説という。

この説の根拠は，**B**や**D**が細胞膜と同じような膜に包まれた構造で，細胞の核に含まれるものとは異なる独自の**F**(　　)をもち，**G**(　　)によって増殖することなどである。

24 発展　次の図は，生物のグループを大きく，原核生物，動物，植物，菌類に分けたものである。このうち**d**は，菌類を示している。これについて，以下の問いに答えよ。

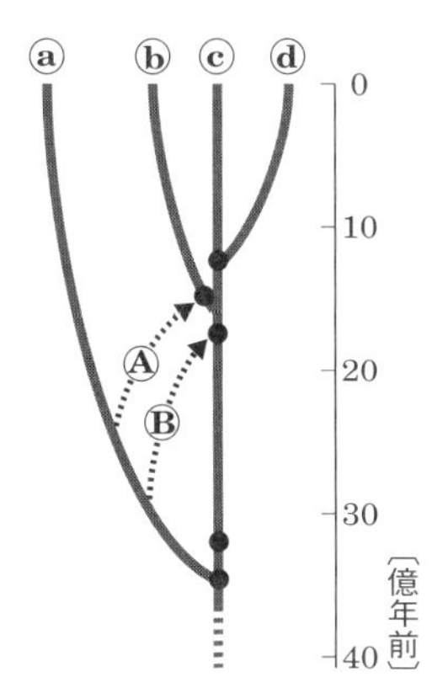

□ (1)　図の**b**，**c**はそれぞれ何を示しているか。

真核生物は，**A**または**B**がそれぞれの時期に共生することにより進化してきたと考えられている。

□ (2)　葉緑体とミトコンドリアの起源に相当するのはそれぞれ図中の**A**と**B**のいずれか。記号で答えよ。

□ (3)　**A**と**B**はどのような生物か。適切な名称を答えよ。

□ (4)　図は**B**のほうが古い時代に共生して新しい生物群が生じたと考えられていることを示している。**B**のほうが古い根拠について記せ。

6 代謝と酵素

テストに出る重要ポイント

- **酵素**…生体内の化学反応を促進する**触媒**(**生体触媒**)。おもに**タンパク質**からできている。

- **触媒**…化学反応を促進するがそのもの自体は変化しない物質。
  発展 より少ないエネルギーで反応が起こる状態にする(これを「**活性化エネルギーを下げる**」という)。

化学反応
基質 ――→ 反応生成物
↑
触媒(酵素)

- **基質特異性**…酵素は特定の物質(**基質**)にのみ作用し反応を促進する。

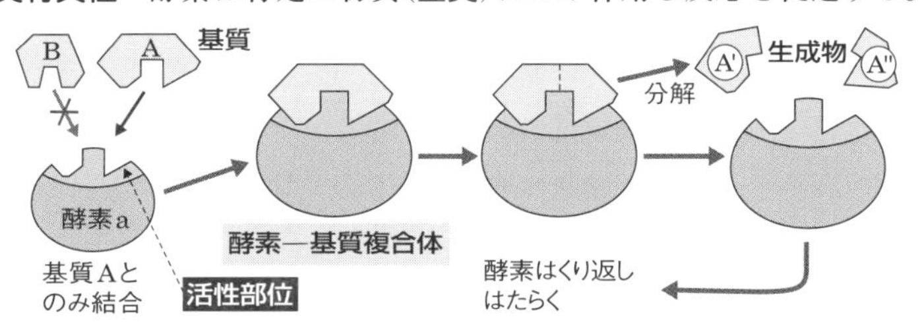

発展 基質は酵素の**活性部位**(**活性中心**)と立体構造が合致した物質。

- **酵素のはたらく場所**　例 ミトコンドリア(**呼吸**に関する酵素)，葉緑体(光合成に関する酵素)，核(DNAの合成に関する酵素)，細胞質基質(各種物質の合成などに関する酵素)，細胞外(消化酵素など)

- **酵素と代謝**…細胞内の代謝は連続した化学反応として起こるが，このときそれぞれの反応には特定の酵素が作用することで進行する。

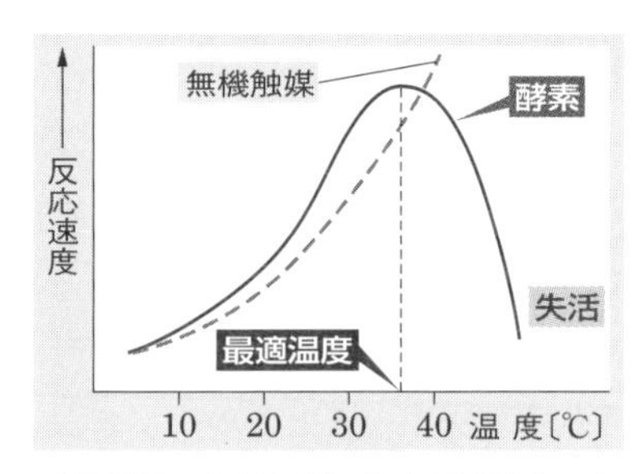

- **最適温度** 発展 …反応速度が最大になる温度。多くの酵素は35～40℃程度。最適温度以上の温度では**変性**により**反応速度は低下**，さらに高温で**失活**する。

- **最適pH** 発展 …反応速度を最大にするpH条件。酵素ごとに決まっている。

基本問題

解答 ➡ 別冊p.6

できたらチェック。

25 酵素 テスト必出

□ 次の文の空欄に適切な語を下の語群から選び，記号で答えよ。

酵素は生体内の①(　　)を促進させ，生命を維持するために不可欠な物質である。酵素は，化学反応を進行させるが②(　　)。このようなはたらきをする物質を③(　　)という。酵素の化学的本体は④(　　)であり，⑤(　　)の遺伝情報をもとに合成される。

〈語群〉 a DNA　b 触媒　c 代謝　d タンパク質
e 炭水化物　f 金属　g 酸
h 反応の前後で酵素自体は変化しない
i 反応により酵素が反応生成物の一部になる
j 酵素が分解し，反応生成物の合成に役立つ

26 酵素の性質とはたらき

□ 次の記述のなかから正しいものをすべて選べ。

① 酵素は化学反応を進行させ，酵素自身は反応生成物の一部になる。
② 酵素は1回の反応ごとに消費されるため，細胞内では常時合成されている。
③ 一度化学反応を進行させた酵素でも再利用される。
④ 酵素は細胞内でも細胞外でもはたらくことができる。
⑤ 1つの酵素はいろいろな化学反応を促進させることができる。
⑥ 発展 酵素は活性化エネルギーを上げ，化学反応を起こりやすくしている。
⑦ 酵素は特定の物質にだけその作用を及ぼす。

ガイド ⑥活性化エネルギーとは，反応が起こるのに必要なエネルギーの大きさを示したものである。

27 酵素のはたらく場所

生体内にはいろいろな酵素が存在する。次の化学反応に関する酵素は，どのような場所ではたらくか。適当なものをア～エより記号で選べ。ただしア～エの記号はそれぞれ1度ずつ使うものとする。

□ ① 光合成に関係する酵素　□ ② DNAの複製に関係する酵素
□ ③ 呼吸に関係する酵素　□ ④ 消化に関係する酵素

ア 細胞外　イ ミトコンドリア　ウ 葉緑体　エ 核

応用問題

解答 ➡ 別冊p.7

28 差がつく **酵素カタラーゼのはたらきについて，カタラーゼを含む酵素液を用いて次の実験1～5を行って調べた。以下の問いに答えよ。**

実験1　試験管に過酸化水素水5mLをとり，水2mLと酵素液を数滴加える。

実験2　試験管に過酸化水素水5mLをとり，水2mLを加える。

実験3　試験管に過酸化水素水5mLをとり，水2mLと煮沸して冷ました酵素液を数滴加える。

実験4　試験管に過酸化水素水5mLをとり，4%塩酸2mLを加えた後，酵素液を数滴加える。

実験5　試験管に過酸化水素水5mLをとり，4%水酸化ナトリウム2mLを加えた後，酵素液を数滴加える。

〈結果〉　次の表のようになった。

実験番号	実験1	実験2	実験3	実験4	実験5
結　果	○	×	×	×	×

※表中の記号　○：気体が発生した　×：気体は発生しなかった

できたらチェック。

□ (1)　発生した気体に火のついた線香を近づけたら激しく燃えた。この気体は何か。

□ (2)　実験2を行った目的を答えよ。

□ (3)　実験1～実験5の結果から，酵素カタラーゼのはたらきについて正しく述べている記述を下から番号ですべて選べ。

① カタラーゼは温度が高いほどよくはたらく。

② カタラーゼは温度が高くなりすぎるとそのはたらきを失う。

③ カタラーゼは酸やアルカリの影響をほとんど受けない。

④ カタラーゼは中性の水溶液中でよく作用する。

□ (4)　反応の終了した実験1の試験管の内容と反応しなかった実験3の試験管の内容を混ぜると気体は発生するか，しないか。その理由とともに答えよ。

□ (5)　カタラーゼを多く含む材料として適当なものは次のうちどれか。

ア　ブタの肝臓片

イ　ヒトのだ液

ウ　ヒトの胃液

29 酵素反応に関する次の文を読み，以下の問いに答えよ。

物質Xからある生体物質Yが合成される経路には酵素E1のはたらきに始まる一連の酵素反応が関連している。

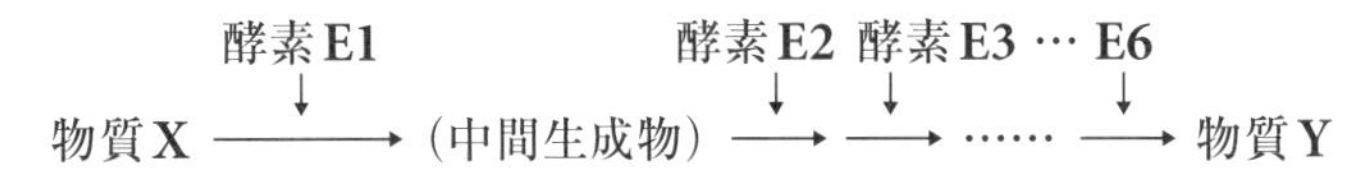

酵素E1について，いま，酵素E1の濃度を一定にして，物質Xの濃度と反応速度との関係を調べたところ，右図に示す曲線Aが得られた。また，反応経路の最終産物である物質Yを物質Xに加えて実験した場合には，曲線Bが得られた。

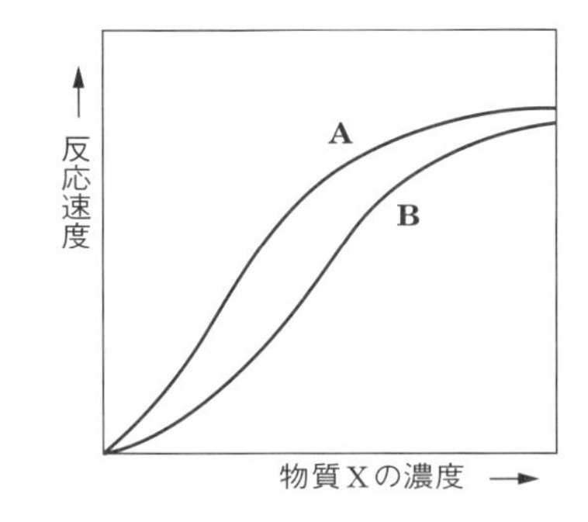

□ (1) 物質Yが，酵素E1に与えた影響として適当なものを次から1つ選べ。

① E1とともに一連の酵素反応を促進させた。

② E1のはたらきを抑制し，物質Xから物質Yの合成を増加させた。

③ E1のはたらきを抑制し，物質Xから物質Yの合成を減少させた。

④ E1のはたらきを抑制させたが，E2のはたらきは促進させた。

⑤ E1のはたらきを促進させ，一連の酵素反応を抑制させた。

⑥ E1のはたらきを促進させたが，E2～E6のはたらきを抑制させた。

□ (2) 物質Yの存在による図のような反応速度曲線の変化は，生体内ではどのような意味をもつか。適当なものを次から1つ選べ。

① 反応が迅速に進行するのに役立つ。

② 反応の進みすぎを抑制するのに役立つ。

③ いろいろな酵素が一連の酵素反応に関連するように役立つ。

④ 酵素が細胞の中でも外でも作用するために役立つ。

ガイド (1)グラフが下にずれる場合にはその条件によって酵素反応は抑制されるということ，上にずれたなら反応が促進されることがわかる。

7 DNAの構造

テストに出る重要ポイント

- **DNA(デオキシリボ核酸)**…生物の形質を決める遺伝子の本体。**ヌクレオチド**が多数結合してできている。
- **ヌクレオチド**…DNAの構成単位。
  塩基・糖(五炭糖)**・リン酸**からなる。
  糖はデオキシリボース，塩基は，グアニン(G)，シトシン(C)，アデニン(A)，チミン(T)の4種類。

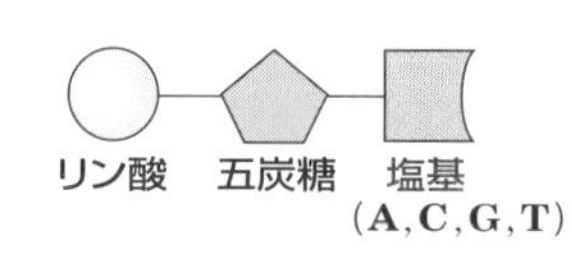

- **DNAの二重らせん構造**…DNAは2本のヌクレオチド鎖が**塩基**(**AとT，GとC**)**どうしの相補的な**結合によって二本鎖となり，**らせん構造**をとる。1953年に**ワトソンとクリック**が構造を解明。

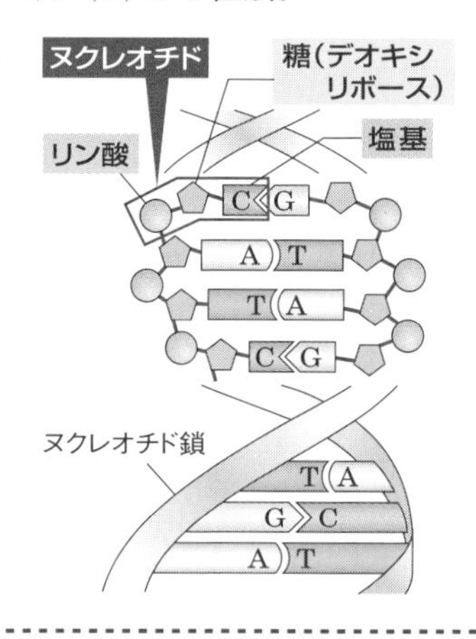

- **DNAの遺伝情報**…塩基配列がタンパク質のアミノ酸配列を決定し，合成されたタンパク質のはたらきで生命活動が行われ，形質が現れる。→*p.28*

基本問題

解答 ➡ 別冊*p.7*

30 DNAの分子構造

□ **DNAの分子構造について，ATGCの塩基の並びをもつDNA鎖を模式図で表せ。**
ただし，図には次の記号を使うこと。リン酸…**P**，デオキシリボース…**D**，アデニン…**A**，チミン…**T**，グアニン…**G**，シトシン…**C**

31 DNAの構造 〈テスト必出〉

□ **次の文中の空欄に入る最も適切な語句を記せ。**
DNAは，塩基と糖とリン酸の1組からなる①(　　)が鎖状につながった高分子である。糖の種類は②(　　)である。塩基は4種類あり，アデニンと③(　　)，グアニンと④(　　)がそれぞれ塩基対となって2本の鎖が向かい合う。この2本の鎖は規則的にらせんの形をとるので，このDNA分子の構造を⑤(　　)と呼ぶ。

32 多細胞生物の体細胞と遺伝情報

ある生物のDNAの塩基組成を調べたところ，アデニン(A)が全塩基の30%であった。次の各問いに答えよ。

□ (1) チミンは全塩基の何%か。

□ (2) グアニンは全塩基の何%か。

□ (3) シトシンは全塩基の何%か。

応用問題

できたらチェック。

解答 ➡ 別冊p.8

□ **33** 発展 ワトソンとクリックに関連する記述として正しいものを，次のア～オから１つ選べ。

ア 1928年に肺炎双球菌(肺炎球菌)の形質転換(外部からの物質によって形質が変化する現象)を発見した。

イ 1944年に肺炎双球菌の形質転換がタンパク質ではなくDNAであることを発見した。

ウ 1949年にどの生物においてもDNAに含まれるAとT，CとGの数の割合がそれぞれ等しいことを発見した。

エ 1952年にT_2ファージと呼ばれるウイルスを用いた実験により，遺伝子の本体がDNAであることを明らかにした。

オ 1953年にDNAの二重らせん構造のモデルを発表した。

□ **34** 発展 右図は動物細胞を構成する物質の割合を表したグラフである。これについて次の文中の空欄に入る最も適当な語を下から選び，記号で答えよ。

動物細胞を構成する成分のうち，最も多く含まれる①(　　)を除くと，最も多いのが②(　　)である。②は多数の③(　　)が結合した高分子で，構成単位である③が④(　　)種類あり，その配列によって違った②をつくることができるため，その種類はとても多い。その配列を決めるのが⑤(　　)の⑥(　　)配列である。

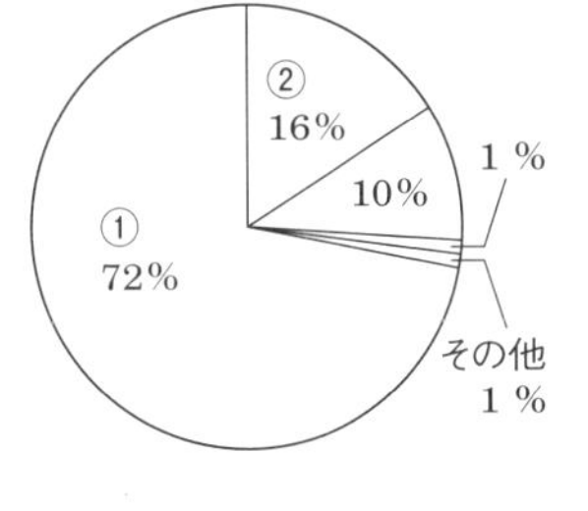

ア 脂質　　イ タンパク質　　ウ 無機塩類　　エ 炭水化物

オ 塩基　　カ 核酸　　キ 糖　　ク アミノ酸　　ケ 水

コ 酸　　サ 4　　シ 10　　ス 20　　セ 50　　ソ 100

8 DNAの複製と遺伝子の分配

テストに出る重要ポイント

- **半保存的複製**…DNAを構成する2本のヌクレオチド鎖がそれぞれ鋳型となり，もとの鎖と相補的な新しいヌクレオチド鎖からなる，もとのDNAと同じ塩基配列をもつ2つの2本鎖DNAができるしくみ。

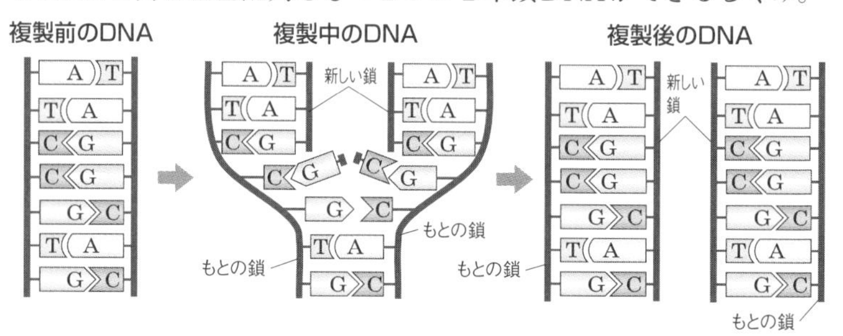

- **細胞周期**…体細胞分裂のくり返しの中で，ひとつの分裂が終わり，連続する次の分裂の終わりまでの1つのサイクル。
- **間期**…DNA合成準備期(G_1期)→DNA合成期(S期)→分裂準備期(G_2期)からなる。**S期にはDNAの複製が行われ，細胞におけるDNA量は2倍になる。**
- **分裂期**(M期)…細胞分裂の期間。複製したDNAを正確に新しい細胞に分配する。

細胞周期　分裂期　間期　前期　中期　後期　終期　分化　DNA合成準備期　DNA合成期(S期)　分裂準備期

- **真核細胞の遺伝子の分配**…間期に複製されたDNAがそれぞれ凝集し，棒状の染色体となる。分裂期にはこの棒状染色体が二分し，新しい細胞へ移動する。

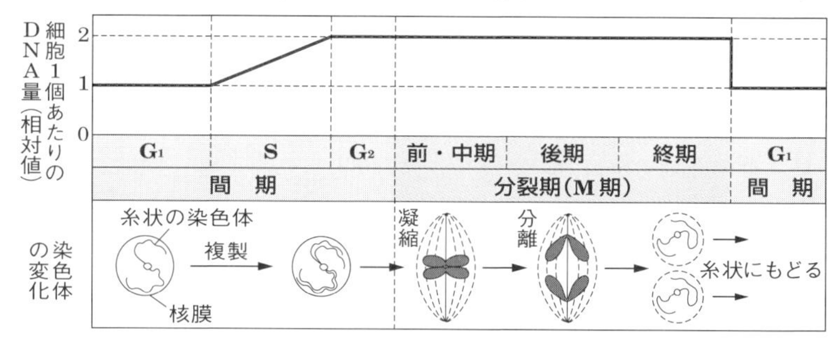

基本問題

解答 ➡ 別冊 p.8

35 DNAの複製

□ **DNAの複製に関する記述として正しいものを，次のA～Eからすべて選べ。**

A　2本鎖DNAはほどけず，もとと同じ2本鎖DNAが複製される。

B　2本鎖DNAはほどけて1本鎖となり，それぞれが鋳型となって新しい2本鎖DNAが複製される。

C　2本のDNA鎖の一部が新しいものに置き換わった後，同じ2本鎖DNAが複製される。

D　複製前のDNA鎖と複製後のDNA鎖は同じ塩基配列である。

E　DNAが複製されると，塩基の相補性は失われてしまう。

36 細胞の増殖と遺伝情報 テスト必出

□ **次の文中の空欄に入る最も適当な語を記せ。**

からだを構成する細胞は①(　　)によって増えていく。その分裂が終わってから次の分裂が終わるまでを②(　　)といい，細胞分裂によってできる③(　　)細胞は，もとの細胞(母細胞)のDNAと全く同じ④(　　)配列のDNAをもつ。これは細胞分裂の準備期間である⑤(　　)期にDNAが⑥(　　)され，⑦(　　)期にはDNAを正確に分配しているためである。多細胞生物では，一個体を構成する細胞がすべてその個体の最初の細胞である⑧(　　)と同じDNAをもつ。

37 細胞周期と染色体

□ **ある真核生物の体細胞分裂中期に見られる染色体構成を図に示す。以下の問いに答えよ。**

この細胞が分裂して生じた娘細胞が再び体細胞分裂すると，中期にはどのような染色体構成を見ることができるか。選択肢から正しいものを1つ選べ。

ア　①②③④のすべて

イ　①②のどちらか1本と③④のどちらか1本

ウ　①②の2本か③④の2本

エ　特に決まっていない

オ　①②③④のどれか1本

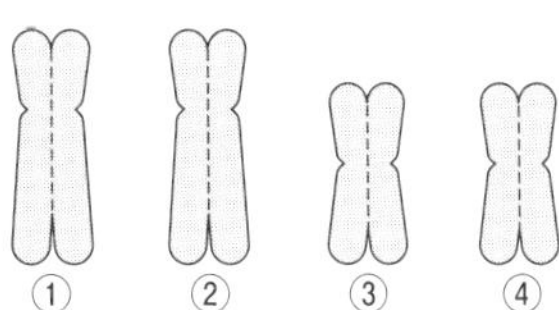

応用問題

解答 → 別冊 p.8

38 差がつく メセルソンとスタールは次の実験を行い，DNAの複製のしくみを解明した。次の文を読み，以下の問いに答えよ。

大腸菌を，ふつうの窒素^{14}Nよりも重い^{15}Nで置き換えた塩化アンモニウム($^{15}NH_4Cl$)の培地で培養し，大腸菌に含まれる窒素をほとんど^{15}Nに置き換えた。この大腸菌を$^{14}NH_4Cl$の培地に移して1回目，2回目の分裂後に大腸菌からDNAを抽出し，遠心分離によって比重を調べた。

できたらチェック。

□ (1) 大腸菌の1回目，2回目の分裂後に行った遠心分離の結果，線の位置はそれぞれどうなるか。次の図のA～Fから1つずつ選べ。

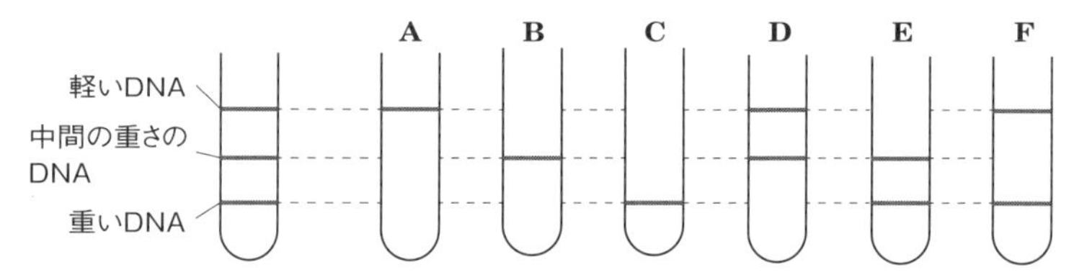

□ (2) 3回目の分裂後では，軽いDNA，中間のDNA，重いDNAの比率はどうなるか。

□ (3) n回目の分裂後では，軽いDNA，中間のDNA，重いDNAの比率はどうなるか。

ガイド 大腸菌は培地に含まれる窒素をDNAの複製に利用する。

39 発展 次の図は，ウニの受精とその後の2回の体細胞分裂のようすを示した図である。またグラフは，その発生におけるDNA量の変化を模式化したものである。

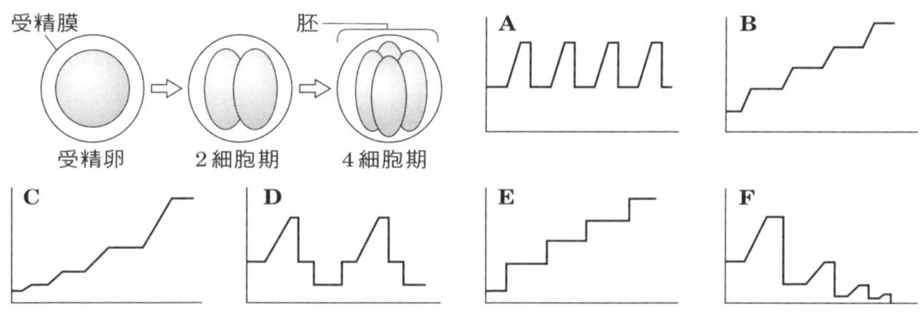

□ (1) 細胞1個当たりのDNA量の変化を示したグラフはどれか。記号で答えよ。

□ (2) 胚全体のDNA量の変化を示したグラフはどれか。記号で答えよ。

40 差がつく　分裂の盛んな組織のプレパラートを作成し，特別な試薬を用いて細胞周期の各時期の細胞数を調べたところ表のような結果を得た。また，別の方法で細胞周期に要する時間を調べたところ，25時間であった。次の問いに答えよ。

周期	G_1期	S期	G_2期	M期
細胞数	400個	280個	120個	200個

□　G_1期・S期・G_2期・M期に要する時間は，それぞれ何時間と推定されるか。ただし，各細胞は互いに無関係に分裂するものとする。

41 発展　イギリスのガードンは野生型(黒体色)と白体色のアフリカツメガエルを用いて次のような実験を行った。文を読んで以下の問いに答えよ。

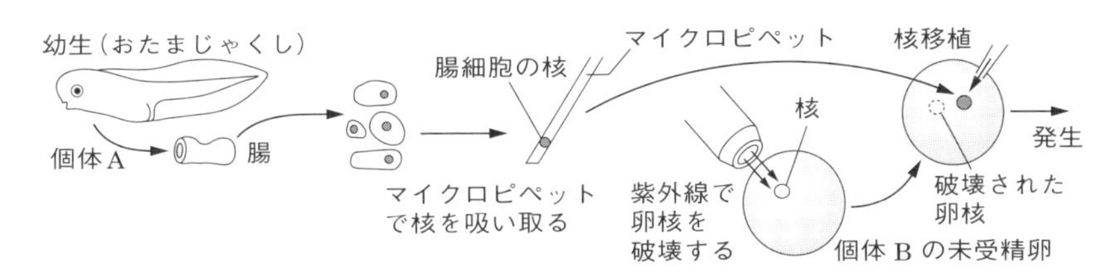

幼生の腸細胞から核を取り出し，紫外線照射して核を破壊した未受精卵に移植した。アフリカツメガエルの体色の組み合わせとその結果は次の通りであった。

腸細胞の核を抽出した幼生Aの体色	移植用卵Bを供給した成体の体色	発生結果	発生個体の体色
黒(野生型)	白	20%が幼生になった	黒
白	黒(野生型)	20%が幼生になった	白

□ (1)　未受精卵の核を紫外線で破壊するのはなぜか。簡単に説明せよ。

□ (2)　この実験の結果からわかることは何か。次のなかから正しいものを1つ選び，記号で答えよ。

ア　受精卵に含まれる遺伝情報は，分裂・分化を通して失われることはない。

イ　さまざまな体細胞ができるのは，受精卵に含まれていた遺伝情報が，体細胞分裂を重ねるに従って，少しずつ失われるからである。

ウ　腸細胞に含まれる遺伝情報でからだのすべての細胞をつくることができる。

エ　腸細胞に含まれる遺伝情報では，腸の細胞しかつくれない。

オ　体色などの個体の特徴は，核の遺伝情報ではなく卵の成分によって決まる。

カ　卵の成分が安定していれば，卵核がなくてもからだをつくることはできる。

9 遺伝情報の発現

テストに出る重要ポイント

- **タンパク質と種類**…あらゆる生命活動に関係。細胞を形作る構造タンパク質のほか，酵素(代謝)，抗体(免疫)，ホルモン，ヘモグロビンなど。
- **DNAとタンパク質**…タンパク質は**アミノ酸**が鎖状に結合した高分子化合物。20種類あるアミノ酸の並び方でタンパク質の構造や性質が決まる。**DNAの塩基配列がタンパク質のアミノ酸配列を決定**。
- **DNAとRNA**

	糖	塩基	分子鎖	存在場所 発展
DNA	デオキシリボース	**A・G・C・T**	2本鎖	核(染色体)，ミトコンドリア，葉緑体
RNA	リボース	**A・G・C・U**	1本鎖	核小体，リボソーム，細胞質

- **遺伝情報の発現**

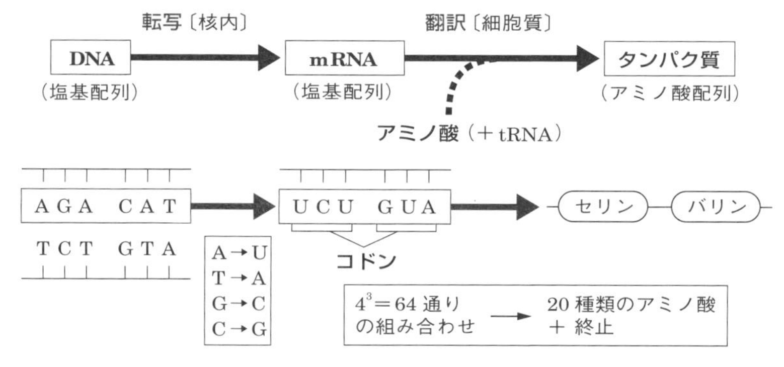

- **セントラルドグマ**…遺伝情報は**DNA→RNA→タンパク質**の順で一方向に伝達されるという考え・原則。
- **転写**…**DNA→RNA**(mRNA)　塩基配列の情報を写し取る。
- **翻訳**…**RNA→タンパク質**　塩基配列の情報をアミノ酸配列に変換。
- **コドン**…mRNAがもつ，1つのアミノ酸を指定する3つの連続した塩基配列。
- **アンチコドン**…tRNA(アミノ酸と結合してmRNAへ運搬するRNA)

がもつ，コドンと相補的な3つの連続した塩基配列。

▶ **遺伝子突然変異** 発展 …DNAの塩基配列の変化。塩基の置換，欠失などによって塩基配列が変化すると，アミノ酸配列が変わることもある。それによりタンパク質に変化が生じると，形質に変化が現れることもある。

▶ **翻訳されない領域** 発展 …真核生物では転写領域はDNAの数%程度。さらに，転写されても核内で削除され(**スプライシング**)，翻訳されない部分(**イントロン**)がある。

基本問題

解答 ➡ 別冊p.9

できたらチェック。

42 生体内におけるタンパク質

□ 生物内でのタンパク質のはたらきに関する記述として正しいものを，次のA～Fからすべて選べ。

A　皮膚や軟骨に含まれるコラーゲンは，組織や器官の構造の保持を行う。
B　赤血球に含まれるヘモグロビンは，酸素の運搬を行う。
C　筋繊維をつくるアクチンやミオシンは，筋肉の収縮を行う。
D　酵素は，生体内での化学反応を抑制させる。
E　ホルモンは，特定の組織や器官の調節を行う。
F　抗体は，体内に侵入した病原体を活性化させる。

43 DNAとRNA　テスト必出

次の記述について，DNAのみ当てはまるものに「D」，RNAのみ当てはまるものに「R」，両方に共通のものに「○」，どちらにも当てはまらないものには「×」をつけよ。

□ ①　ヌクレオチドが多数結合している。
□ ②　1つの構成単位は，塩基，糖，アミノ酸の3つの部分からできている。
□ ③　分子構造は，二重らせんである。
□ ④　塩基は，アデニン，グアニン，シトシン，ウラシルの4種類である。
□ ⑤　糖の種類は，リボースである。
□ ⑥　アデニンと相補的に結合する塩基は，シトシンである。
□ ⑦　発展 核，ミトコンドリア，葉緑体に存在する。

44 セントラルドグマ　テスト必出

生物の遺伝情報は次の図のような流れで一方向へ伝えられる。これをセントラルドグマという。これについて次の問いに答えよ。

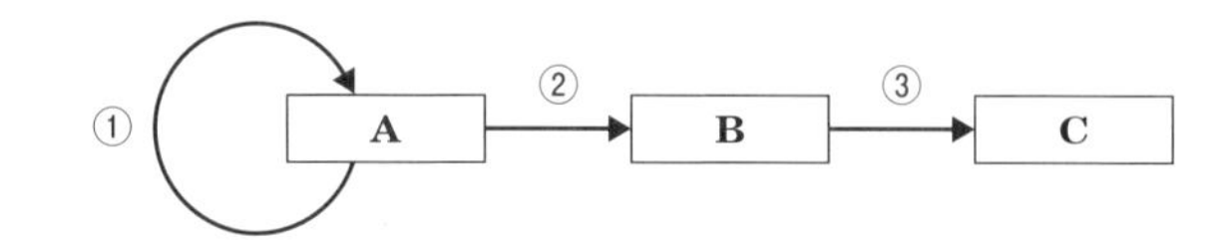

□ (1)　A～Cに当てはまる物質名を答えよ。

□ (2)　図中の矢印①～③はそれぞれ何を示すか。ア～エから選び，記号で答えよ。

ア　翻訳　　イ　複製　　ウ　置換　　エ　転写

□ (3)　AとBの遺伝情報は，何の配列として分子内に保持されているか。

□ (4)　(3)の遺伝情報は，Cを合成する際に何の配列に変換されるか。

ガイド　(1)A～Cには，それぞれタンパク質，DNA，RNAのいずれかが入る。

45 タンパク質合成の過程

タンパク質が合成される過程を示した次のア～エについて，下の問いに答えよ。

ア　DNAの塩基配列をもとにmRNAが合成される

イ　アミノ酸どうしを結合させる

ウ　塩基配列に従ってアミノ酸を並べる

エ　mRNAが核から細胞質へ移動する

□ (1)　ア～エをタンパク質合成の過程の順に並べよ。

□ (2)　「転写」と呼ばれる過程は，ア～エのうちのどれか。

□ (3)　発展　真核細胞の核内で行われるものは，ア～ウのうちのどれか。

□ (4)　発展　細胞質でのみ行われるものは，ア～ウのうちのどれか。

46 転写

図はDNAの塩基配列の一部を示したものである。

□　上段の鎖を鋳型として，左側から転写が行われたとき，合成されるRNA(mRNA)の塩基配列をA：アデニン，T：チミン，G：グアニン，C：シトシン，U：ウラシルの記号を用いて記せ。

DNA　TACCGGGACACCTACGCG ←こちらを鋳型とする
　　　ATGGCCCTGTGGATGCGC

翻訳

翻訳に関する以下の問いに答えよ。

□ (1) 「翻訳」に関する次の文について，空欄に適する用語と数値を入れよ。

RNA(mRNA)がもつ遺伝情報は，①(　　)種類の塩基が1列に多数並んだ部分に含まれている。その情報をタンパク質の②(　　)配列という情報に変換する過程が翻訳である。タンパク質を構成する②は全部で③(　　)種類あるので，②が4個並ぶ組み合わせは④(　　)通りもある。

□ (2) 次のような塩基配列のRNA(mRNA)がある。このRNAが左端の塩基から翻訳されるとして，この塩基配列に含まれるコドンを配列順に示せ。

mRNA　AUGGCCCUGUGGAUGCGC

□ (3) (2)の塩基配列に対応するアミノ酸は全部でいくつあるか。その数を記せ。ただし，塩基配列の中でアミノ酸に対応しない部分はないものとする。

□ (4) (2)の塩基配列の鋳型になっているDNAの鎖の塩基配列を示せ。ただし，このDNAから直接このmRNAの塩基配列がつくられたものとする。

応用問題

解答 → 別冊p.10

48 **次の塩基配列は，インスリン遺伝子を転写したRNA(mRNA)の一部を示している。塩基の下にある301，311，321…は，この遺伝子領域の最初の塩基を01とした通し番号である。開始コドンAUGのAは通し番号18である。また，UAA，UAG，UGAの3種類は終止コドンである。開始コドンは翻訳が開始されるコドンのこと，終止コドンは翻訳の終了を指示する。以下の問いに答えよ。**

できたらチェック。

GCUGUACCAG	CAUCUGCUCC	CUCUACCAGC	UGGAGAACUA	CUGCAACUAG
301	311	321	331	341

□ (1) このmRNAはどのように読み取られるか。通し番号301番から350番までの範囲で，コドンの区切り目となる場所に線を入れよ。

□ (2) このmRNAに含まれる終止コドンの先頭の塩基の通し番号を答えよ。

□ (3) **発展** 塩基が1つ置き換わると，新たに終止コドンが生じてしまうことがある。この塩基配列でそのような可能性のあるコドンはいくつあるか。その数を示せ。

□ (4) **発展** 塩基が1つ欠けると，コドンの塩基配列がずれてしまう。これをフレームシフトという。フレームシフトによってアミノ酸配列が大きく変わることが予想されるが，本来ないところに終止コドンが突然生じることがある。このmRNA上でそのような可能性のあるコドンはいくつあるか。

49 DNAからタンパク質が合成される過程について，次のmRNAの遺伝暗号表(コドン表)を参考にして，以下の問いに答えよ。

第1字目の塩基	第2字目の塩基 U（ウラシル）	第2字目の塩基 C（シトシン）	第2字目の塩基 A（アデニン）	第2字目の塩基 G（グアニン）	第3字目の塩基
U	フェニルアラニン	セリン	チロシン	システイン	U
U	フェニルアラニン	セリン	チロシン	システイン	C
U	ロイシン	セリン	（終止）	（終止）	A
U	ロイシン	セリン	（終止）	トリプトファン	G
C	ロイシン	プロリン	ヒスチジン	アルギニン	U
C	ロイシン	プロリン	ヒスチジン	アルギニン	C
C	ロイシン	プロリン	グルタミン	アルギニン	A
C	ロイシン	プロリン	グルタミン	アルギニン	G
A	イソロイシン	トレオニン	アスパラギン	セリン	U
A	イソロイシン	トレオニン	アスパラギン	セリン	C
A	イソロイシン	トレオニン	リシン	アルギニン	A
A	メチオニン（開始）	トレオニン	リシン	アルギニン	G
G	バリン	アラニン	アスパラギン酸	グリシン	U
G	バリン	アラニン	アスパラギン酸	グリシン	C
G	バリン	アラニン	グルタミン酸	グリシン	A
G	バリン	アラニン	グルタミン酸	グリシン	G

次に示すDNA(鋳型鎖)は，あるタンパク質を指定する遺伝子領域の先頭の部分である。塩基の下にある01，11，21…は，左端の塩基を01番としてつけた通し番号である。(注；10塩基ずつ区切るスペースは実際に空いているわけではない)

塩基の読み取り方向→

TAGTACGAGG AAGACGGTAC CGGGACAGGT
01　　　　　11　　　　　21

□ (1) 上記のDNAの塩基配列から転写によって生じるmRNAの塩基配列を記せ。

□ (2) 翻訳の際には，最初に現れる開始コドンからアミノ酸配列への変換が行われる。このことから，上記DNAの塩基配列のうち，翻訳の開始位置は何番の塩基になるか。通し番号で答えよ。

□ (3) このDNAからつくられるアミノ酸配列を記せ。

□ (4) **発展** 上記DNAの塩基配列のうち，通し番号18番の塩基がTからAに置換されるときと19番のAがTに置換するのは個体にとって大きな違いが生じる。その理由を答えよ。

10 ゲノムと遺伝情報

テストに出る重要ポイント

- **ゲノム**…その生物が個体として**生命活動を営むのに必要な一通りの遺伝情報**。その生物の生殖細胞がもつ1組の遺伝情報に相当。
- **ゲノムと遺伝子の関係**…ヒトのゲノムは**約30億塩基対**であり，そのうち翻訳されるのは約4500万塩基対(ゲノム全体の約1.5%)となる。このなかに含まれる遺伝子は**約2万個**である。
- **真核細胞のDNA** 発展…ヒストンというタンパク質に巻きついている。
- **細胞分裂時のDNA**…間期(→*p.24*)に複製されたものが，折りたたまれて，太いひも状・棒状の染色体になる。

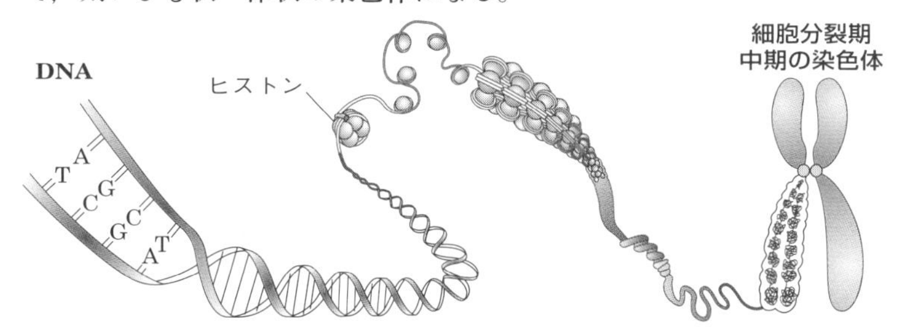

- **相同染色体**…**同形同大で対になっている**2本の染色体。一方は父方由来，もう一方は母方由来。
  ➡1個の体細胞は2組のゲノムをもつ。

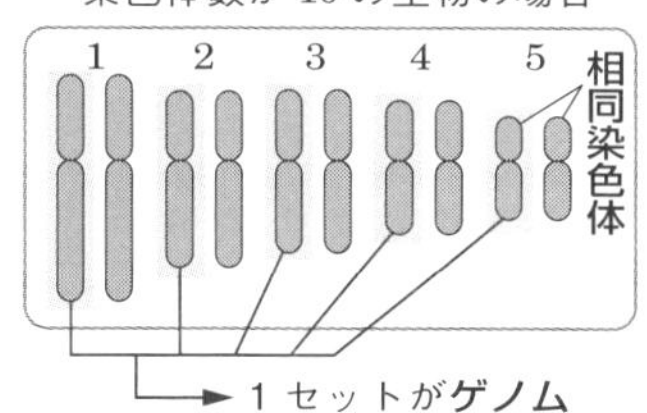

- **原核細胞のDNA**…細胞には，**環状の染色体DNA**が1個含まれる。
  発展 このほか，染色体DNAとは独立した，**プラスミド**と呼ばれる小さな環状DNAが含まれる。
- **分化**…細胞が特定の形やはたらきをもつようになること。
- **だ腺染色体**…ハエやユスリカなどの幼虫のだ腺細胞にある巨大な染色体。パフと呼ばれる膨らんだ部分があり，活発に転写が行われている。

基本問題

解答 → 別冊p.10

できたらチェック。

50 ゲノムとDNA　テスト必出

□ 次の文中の空欄に入る最も適当な語を記せ。

その生物が個体として生命活動を営むのに必要な一通りの情報を①(　　)という。細胞から細胞へは②(　　)の際に分配され，受精で増える生物では，父方の情報は③(　　)で，母方の情報は④(　　)で，親から子に伝えられる。真核細胞の①は細胞の⑤(　　)に存在する物質⑥(　　)に含まれ，発展 ⑦(　　)というタンパク質に巻きついている。原核細胞の①は 発展 ⑧(　　)状の⑥に含まれる。

51 染色体の構造と構成

ある真核生物の体細胞分裂中期に見られる染色体構成と染色体①の拡大図を右に示す。以下の問いに答えよ。

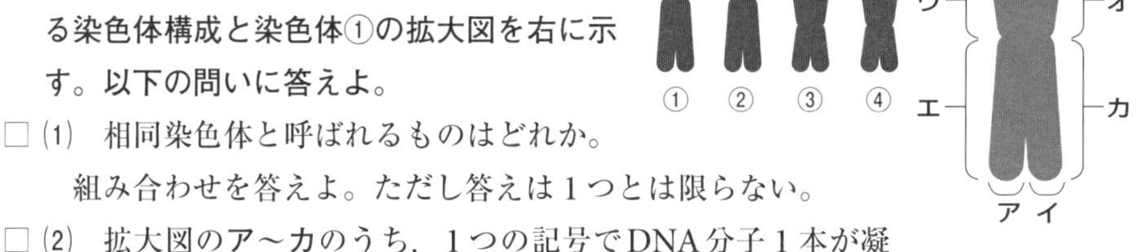

□ (1) 相同染色体と呼ばれるものはどれか。組み合わせを答えよ。ただし答えは1つとは限らない。

□ (2) 拡大図のア～カのうち，1つの記号でDNA分子1本が凝縮してできた部分に対応する記号をすべて答えよ。

□ (3) 父方由来の染色体と母方由来の染色体の可能性として，ありえないものは次のA～Gのうちどれか。記号で答えよ。

	A	B	C	D	E	F	G
父由来	①②	①③	①④	③④	①	①③④	③
母由来	③④	②④	②③	①②	②③④	②	①②④

ガイド　(2)たとえば①が4本のDNA分子でできているならア～カから4つ答える。

52 だ腺染色体

ユスリカの幼虫のだ腺を酢酸カーミン液で染色してだ腺染色体を観察すると，多数の横じまが観察され，一部は膨らんでいた。以下の問いに答えよ。

□ (1) 下線部において，この膨らんだ部分を何というか。

□ (2) (1)の部分で活発に行われていることを，次のア～エから1つ選べ。

ア　複製　　イ　転写　　ウ　翻訳　　エ　分化

応用問題

解答 → 別冊 p.11

53 〈差がつく〉 真核生物の染色体について，次の文を読み，各問いに答えよ。

体細胞に 6 本の染色体が含まれる生物の場合，受精卵の染色体は①(　　)本，精子に含まれる染色体は②(　　)本，卵に含まれる染色体は③(　　)本である。この生物の遺伝情報が，染色体というまとまりのまま保存されているとしたら，子に与える精子や卵に含まれる遺伝情報の組み合わせは④(　　)通りある。よって，受精卵での組み合わせは⑤(　　)通りになる。

できたらチェック。

□ (1) 文中の空欄①～⑤に当てはまる数値を答えよ。

□ (2) 染色体数46のヒトの場合，④や⑤は何通りになるか。最も近いものを次から 1 つずつ選べ。

4×10^4　　8×10^6　　6×10^8　　5×10^9　　8×10^{12}　　6×10^{13}

□ (3) この生物の全遺伝子数が12000個であったとする。すべての染色体に遺伝子が同数ずつ入っているとすると，染色体 1 本当たりに含まれる遺伝子数はどれくらいになるか。ただし，性による違いなどは考えないものとする。

□ (4) ヒトについて(3)と同様に試算するとどうなるか。なお，ヒトの全遺伝子数は約20000個といわれているので，この数値を使って計算すること。

54 〈発展〉 生物の発生と発現する遺伝子の関係を調べるため，ユスリカの幼虫からだ線を取り出し，ピロニン・メチルグリーン溶液(P-M液)で染色すると，だ腺染色体全体が青紫色に，パフが赤色になった。図は，蛹化(ようか)開始から完了までのパフの位置と大きさの変化を表したものである。

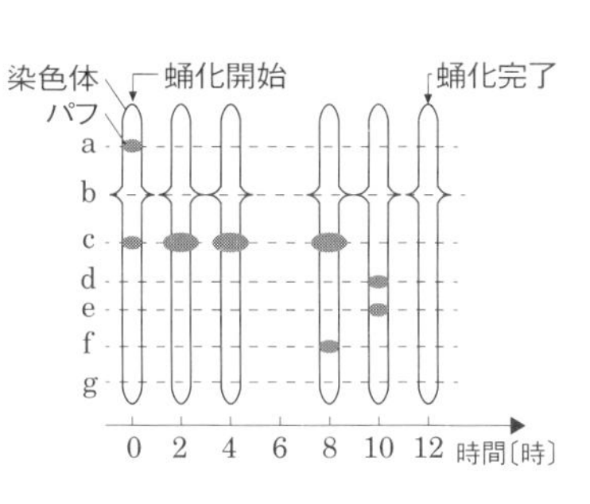

□ (1) この実験において，ユスリカの幼虫のだ腺を選んだ理由を簡単に説明せよ。

□ (2) パフの部分で盛んに合成されているものは何か。

□ (3) 図から考えられることは何か。次のア～オから正しいものをすべて選べ。

ア　パフの部分で転写が行われている。

イ　パフ以外の部分で転写が行われている。

ウ　だ腺染色体のすべての部分で転写が行われている。

エ　発生段階によって発現する遺伝子の種類と量は変化していない。

オ　発生段階によって発現する遺伝子の種類と量が変化している。

11 体内環境と恒常性

テストに出る重要ポイント

- **体内環境**…多細胞動物の体内の細胞は体液に浸されている。この体液を，体外環境(外部環境)に対して，**体内環境**という。
- **恒常性(ホメオスタシス)**…気温などの体外環境が変化しても，体内環境が一定の範囲で維持される状態，しくみ。
- **体液**…血液と，組織液，リンパ液の液体成分。
  ① **血液**…血管内を流れる。液体(**血しょう**)＋**血球**
  ② **組織液**…血しょうが毛細血管からしみ出したもの。**細胞を直接取り巻く体内環境の中心となる体液**。大部分は血しょうに戻る。
  ③ **リンパ液**…**リンパ管内**を流れる。液体(**リンパしょう**)＋細胞(**リンパ球**)。リンパしょうは組織液の一部がリンパ管に入ったもの。
- **血液の成分(ヒトの場合)**
  ① **有形成分**
  - **赤血球**…**ヘモグロビン**を含み，**酸素を運搬**。無核。
  - **白血球**…**免疫に関係する**。有核。
  - **血小板**…**血液凝固(ぎょうこ)に関係する**。無核。

  ② **液体成分**―**血しょう**…栄養分や老廃物などの運搬，血液凝固，免疫。

基本問題

解答 ➡ 別冊*p.12*

できたらチェック。

55 体内環境と体液 〈テスト必出〉

□ **次の文中の(　)に入る適当な語を次ページの語群から選び，記号で答えよ。**

多細胞動物では，個体を取り囲む環境を①(　　)，個体を構成する細胞を取り囲む環境を②(　　)という。①は動物の生活場所によってさまざまであるが，細胞を囲む②はどれも似ており，一定条件に保たれた液体である③(　　)で満たされている。特に細胞を直接取り囲んでいる③を④(　　)という。

③は①の変化や細胞の生命活動によって，絶えず変動にさらされているが，生体にはこれらの変化を感知して，③の組成や性質を一定に保つ⑤(　　)のしくみが備わっている。このとき⑤の調節に重要なはたらきをしているのが，⑥(　　)と自律神経系である。

〈語群〉　ア　水　イ　血液　ウ　体液　エ　組織液
オ　リンパ液　カ　内分泌系　キ　体内環境　ク　循環系
ケ　空気　コ　恒常性　サ　体外環境

56 体液の種類

右図はヒトの体液循環のようすを示したものである。次の問いに答えよ。

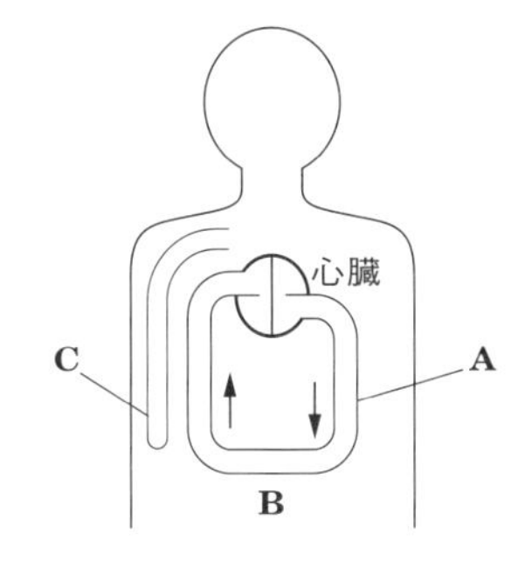

□ (1)　Aは心臓のはたらきによって体内を循環する体液，Bは全身の細胞の間を満たす体液，CはAとは別の経路を流れ，おもに免疫に関与する体液である。A～Cのそれぞれの名称を答えよ。

□ (2)　(1)の3種類の体液は，互いにどのように移り変わることがあるか。次のア～カのなかから正しいものを1つ選べ。

ア　A→B→C　イ　A⇔B→C　ウ　A←B→C
エ　A→B⇔C　オ　A←B←C　カ　A⇔B←C

57 血液の成分

次の表は，ヒトの血液の成分の組成についてまとめたものである。これについて，問いに答えよ。

成分	細胞の特徴	はたらき	血液1 mL中の数	生成場所
①(　　)	A(　　)	④(　　)の運搬	(a)	骨髄
②(　　)	B(　　)	免疫作用に関係	(b)	骨髄
血小板	C(　　)	⑤(　　)に関係	(c)	骨髄
③(　　)	——	養分の運搬	——	——

□ (1)　①～⑤の名称を答えよ。ただし，③は液体成分である。

□ (2)　A，B，Cの特徴を次から1つずつ選び，記号で答えよ。

ア　不定形の小体で無核である。
イ　直径6～15 μmで有核である。
ウ　直径約8 μmで無核である。
エ　直径約100 μmで有核である。

□ (3)　(a)～(c)の数値を次から1つずつ選び，記号で答えよ。

ア　4000～8000　イ　20万～40万　ウ　450万～500万

12 ヒトの神経系と自律神経系

テストに出る重要ポイント

- **脳の構造**

大脳　中脳　小脳　間脳　視床　視床下部　延髄

① **大脳**…感情，記憶，思考など精神活動の中枢。
② **小脳**…からだの平衡を保つ中枢。
脳幹
③ **中脳**…眼球運動や姿勢保持の中枢。
④ **間脳**…体温や血糖濃度などを調節する自律神経系の中枢。
⑤ **延髄**…心臓の拍動や呼吸運動などを調節する中枢。

- **植物状態**…大脳の機能は停止しており，刺激に対して反応ができない状態。脳幹は機能停止していないため，自発呼吸や心臓の拍動はできる。

- **脳死**…大脳と脳幹を含む脳全体の機能が停止し，回復が不可能な状態。人工呼吸器や薬剤を使用しなければ，呼吸や心臓が停止してしまう。

- **神経系**…多数の**神経細胞（ニューロン）**でできた器官。

- **ヒトの神経系**…**中枢神経系**と**末梢（まっしょう）神経系**に分けられる。中枢神経系は，判断と命令を行う神経であり，脳と脊髄からなる。末梢神経系は，中枢神経系とからだの各器官を結ぶ神経である。

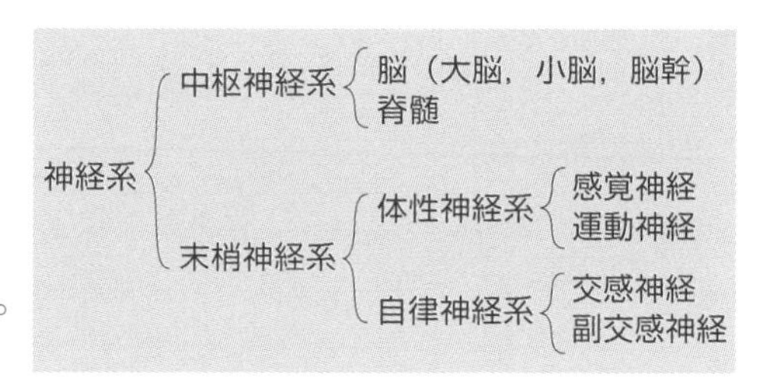

- **自律神経系**…内臓や血管などに分布し，それらのはたらきを無意識のうちに調節する神経系。**間脳の視床下部**が調節の中枢。

- **自律神経系の種類とはたらき**

① **交感神経**…胸部から腰部にかけての脊髄から出ており，**興奮時**や活動を活発化するときにはたらく。
② **副交感神経**…中脳，延髄，脊髄の最下部から出ており，**安静時**や食事中などにはたらく。

作用＼種類	瞳孔	心臓拍動	気管支	消化作用	排尿	皮膚の血管	立毛筋
交感神経	**拡大**	**促進**	**拡張**	**抑制**	**抑制**	**収縮**	**収縮**
副交感神経	**縮小**	**抑制**	**収縮**	**促進**	**促進**	――	――

▶ **拮抗(きっこう)作用**…多くの内臓は交感神経と副交感神経の両方の支配を受け，2つの神経系が**拮抗的に作用**し，各器官のはたらきが調節される。

▶ **神経伝達物質** 発展 …神経から器官へ情報を伝達する物質。交感神経では**ノルアドレナリン**，副交感神経では**アセチルコリン**がそれぞれ神経の末端から分泌されている。

※汗腺にかかわる交感神経では例外的にアセチルコリンを分泌。

▶ **心臓拍動の調節**…右心房(→*p.46*)にある**ペースメーカー**(**洞房結節**(とうぼうけっせつ))は，交感神経や副交感神経の作用に従って拍動の調節を行う。

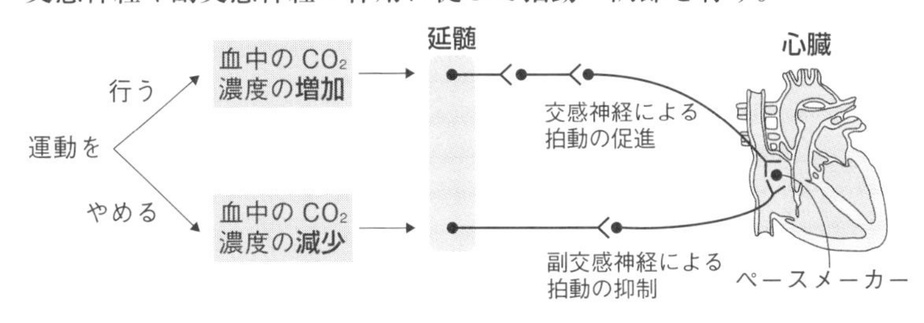

基本問題

解答 ➡ 別冊 *p.12*

58 脳の構造とはたらき　テスト必出

脳の構造とはたらきに関して，以下の問いに答えよ。

□ (1)　次の①～⑤のはたらきを行う脳の部位として正しいものを，下のア～オから1つずつ選べ。

①　瞳孔の調節，姿勢の維持，視覚の反射などの中枢である。

②　血圧や体温などの調節を行う中枢である。

③　随意運動，感覚，記憶，思考などの中枢である。

④　呼吸，心臓の拍動，消化管の運動を行う中枢である。

⑤　からだの平衡を保ち，運動の調節を行う中枢である。

ア　大脳　　イ　中脳　　ウ　小脳　　エ　間脳　　オ　延髄

□ (2)　脳幹と呼ばれる部位を，(1)のア～オからすべて選び，記号で答えよ。

59 植物状態と脳死

□ **植物状態と脳死に関する記述として正しいものを，次のA～Fからすべて選べ。**

A 植物状態とは，大脳の機能は停止しているが，脳幹の機能は停止していない状態である。

B 植物状態とは，大脳の機能は停止しているが，小脳の機能は停止していない状態である。

C 植物状態とは，脳の機能がすべて停止している状態である。

D 脳死とは，大脳の機能は停止しているが，そのほかの脳の機能は停止していない状態である。

E 脳死とは，脳の機能がすべて停止し，人工呼吸器を用いても呼吸を行うことができない状態である。

F 脳死とは，脳の機能がすべて停止しているが，人工呼吸器を用いて呼吸を行うことができる状態である。

60 神経系の分布

次の文の(　)に適当な語を入れよ。

□ (1) ヒトの神経系は，大きく分類すると2種類ある。1つは脳と脊髄から構成される①(　　)神経系，もう1つは①神経系とからだの各器官を結ぶ②(　　)神経系である。

□ (2) われわれは，眠っている間も，③(　　)のうちに呼吸をし，心臓を動かし，体温を一定に保つなど，生命維持のための調節が自律的に行われている。この調節を行うのが自律神経系で，④(　　)神経と⑤(　　)神経からなる。

□ (3) ④神経は，胸と腰の⑥(　　)から出て内臓などの諸器官に分布している。一方，⑤神経は，⑦(　　)や⑧(　　)などの脳や⑥の末端から出ており，④神経と⑨(　　)的に作用している。この自律神経の総合的な中枢は，⑩(　　)の視床下部にある。

61 自律神経系のはたらき　テスト必出

自律神経系には交感神経と副交感神経があり，どちらも内臓に分布して，促進や抑制にはたらく。次の(1)～(3)の文の(　)のなかから正しい語を選択せよ。

□ (1) 興奮時や緊張時には，交感神経がはたらき，心臓の拍動が①(促進・抑制)され，立毛筋が②(収縮・弛緩)して鳥肌がたつ。また，皮下の血管は③(収縮・拡大)し，汗の分泌が④(促進・抑制)されて冷や汗が出る。

□ (2) しかし，緊張がおさまると⑤(交感神経・副交感神経)がはたらき，心臓の拍動は⑥(促進・抑制)され，もとに戻る。

□ (3) 発展 交感神経の末端からは⑦(ノルアドレナリン・アセチルコリン)が，副交感神経の末端からは⑧(ノルアドレナリン・アセチルコリン)が分泌されている。

応用問題

解答 → 別冊p.13

62 発展 カエルの心臓を用いた次の実験について，問いに答えよ。

カエルの心臓を2個，連絡する迷走神経といっしょに摘出し，右図のように心臓Aの大動脈と心臓Bの前大静脈を連結し，心臓Aの前大静脈はリンガー液を入れた給液槽につなぎ，心臓Bの大動脈は貯液槽に導いてある。その他の血管は糸で結んで閉じてある。このようにしたとき2個の心臓はそのまま拍動を続けて，リンガー液をAからBへと送り，貯液槽にためる。

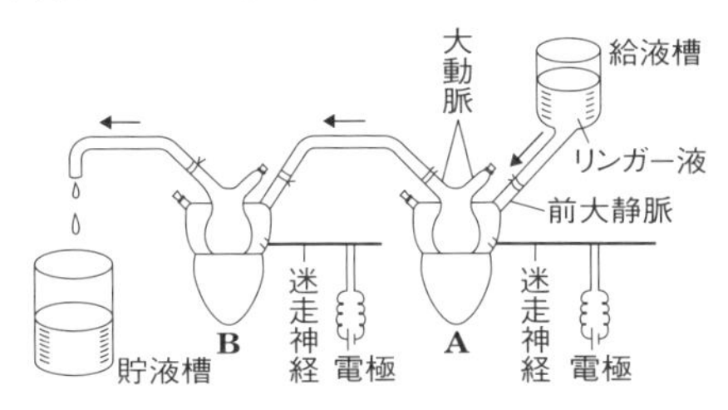

できたらチェック。

□ (1) 心臓Aに連絡する迷走神経を刺激すると，心臓Aの拍動は遅くなった。この後しばらくして，心臓Bの拍動はどうなるか。

① 速くなる　② 遅くなる　③ 変わらない

□ (2) 心臓Bに連絡する迷走神経を刺激すると，心臓Bの拍動は遅くなった。この後しばらくして，心臓Aの拍動はどうなるか。

① 速くなる　② 遅くなる　③ 変わらない

□ (3) (1)と(2)の実験を行った結果たまった貯液槽のリンガー液を，正常に拍動している摘出心臓にかけると，その心臓の拍動はどうなるか。

① 速くなる　② 遅くなる　③ 変わらない

□ (4) (1)と(2)の実験で，心臓の拍動を変化させたのは，ある物質によるものと考えられる。この物質は何か。

① インスリン　② アセチルコリン　③ グルカゴン　④ セクレチン
⑤ チロキシン　⑥ ノルアドレナリン　⑦ ATP　⑧ リンガー液

□ (5) 迷走神経は，脳のどの部分から出ているか。

① 大脳　② 間脳　③ 中脳　④ 小脳　⑤ 延髄

13 ホルモンとそのはたらき

テストに出る重要ポイント

- **ホルモン**…**内分泌腺**や神経分泌細胞でつくられ，微量で，**特定の細胞や器官(標的器官)**に作用する物質。
- **フィードバック**…最終産物が前の段階に作用。過剰なホルモンの分泌を抑える(**負のフィードバック**)。
- **脳下垂体**…**前葉**から成長ホルモンや各種の刺激ホルモンを分泌(**視床下部**の支配を受ける)。**後葉**からバソプレシンを分泌。

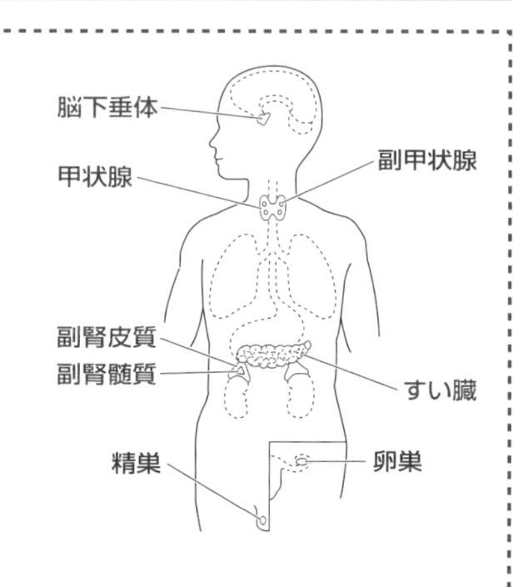

基本問題

解答 ➡ 別冊p.13

63 内分泌系 テスト必出

次の文を読み，あとの問い に答えよ。

脊椎動物の内臓のはたらきを調節している①(　　)と呼ばれる情報伝達物質は，②(　　)や神経分泌細胞から分泌され，③(　　)によって全身に運ばれ，特定の器官に作用を及ぼす。

できたらチェック。

□ (1)　文中の(　)に適当な用語を記せ。

□ (2)　下線部の「特定の器官」を何というか。

□ (3)　②に対して，汗腺や消化腺などをまとめて何というか。

□ (4)　ホルモンに関する次の表の空欄を選択肢から1つずつ選び，完成させよ。

ホルモン名	②	はたらき
バソプレシン	(　　)	(　　)
チロキシン	(　　)	(　　)
鉱質コルチコイド	(　　)	(　　)
グルカゴン	(　　)	(　　)
甲状腺刺激ホルモン	(　　)	(　　)

a　代謝を促進する。
b　チロキシンの分泌を促進する。
c　水の再吸収を促進する。
d　成長を促進する。
e　血糖濃度を増加する。
f　Na^+を再吸収する。

ア　脳下垂体前葉　　イ　脳下垂体後葉　　ウ　甲状腺
エ　副甲状腺　　オ　副腎髄質　　カ　副腎皮質　　キ　すい臓

64 最終産物による調節 〈テスト必出〉

□ 右の図と次の文は，チロキシンの分泌のようすを示したものである。(　)に適する語を記せ。

チロキシンの分泌は，脳下垂体の②から分泌される③ホルモンによって促進される。血中におけるチロキシンの量が過剰になると調節中枢である間脳の①がそれを感知し，脳下垂体②からのホルモン分泌を抑制する。このような調節を④(　　)という。

マウスの血中にチロキシンを過剰に投与すると，③ホルモンの分泌量は⑤(　　)する。

間脳の①(　　)
…放出因子(ホルモン)
脳下垂体の②(　　)
…③(　　)ホルモン
甲状腺
…チロキシン
さまざまな組織

65 脳下垂体と視床下部

□ 右の図は，ヒトの間脳の視床下部と脳下垂体の模式図である。①～③の名称と，②から分泌されるホルモンの支配を受ける内分泌腺を2つ示せ。

脳下垂体は，間脳視床下部の支配を受けるが，それ自身で各器官のホルモン分泌を調節するホルモンを合成・分泌する②(　　)の部分，視床下部の①(　　)の細胞が合成したホルモンを貯蔵し，必要に応じて放出する③(　　)の部分の2つに分かれている。

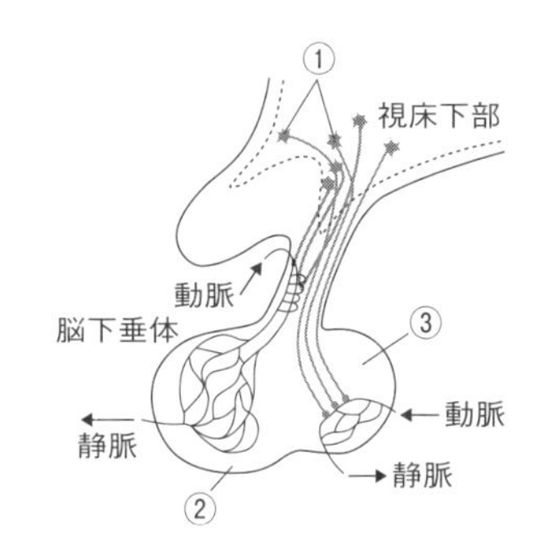

応用問題　解答 → 別冊p.13

できたらチェック。

66

□ 発展　次の文は，ホルモンによるヒトの体液の濃度調節について述べたものである。(　)に適する語を答えよ。

塩分をとりすぎたり，水分をとらなかったりすると，血液中の塩分濃度が上昇する。このような状態のとき，①(　　)から②(　　)が放出され，腎臓の③(　　)での④(　　)の再吸収が促進される。

また，②のほかに血液中の塩分濃度を調節するホルモンとして，副腎皮質から⑤(　　)が分泌される。

14 ホルモンと自律神経による調節

テストに出る重要ポイント

- **血糖濃度(血糖値)の調節**…血液中のグルコース(ブドウ糖)の量は，血液100 mL当たり約100 mg(約**0.1**%)になるように調節されている。

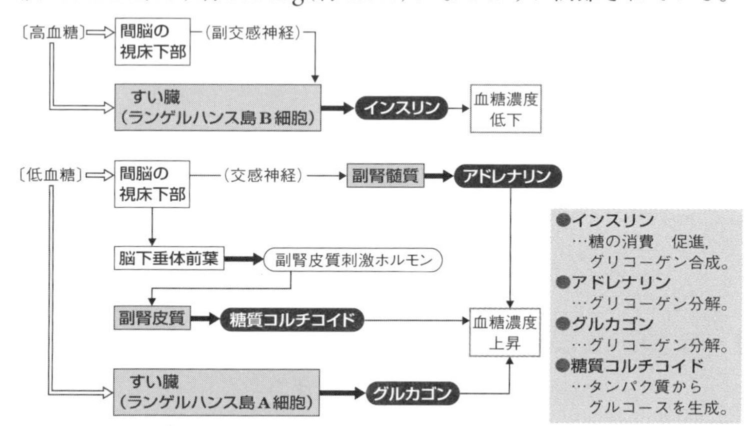

- **体温の調節**…哺(ほ)乳類や鳥類では，体温が常に一定に保たれている。

〔寒いとき〕

① 皮膚の**交感神経**がはたらき，立毛筋や血管が収縮(放熱量が減少)。

② **アドレナリン・チロキシン・糖質コルチコイド**が分泌され，肝臓・筋肉での代謝が促進される(熱が発生)。

〔熱いとき〕

① 交感神経のはたらきにより，汗腺からの**発汗を促進**(放熱量が増加)。

② **皮膚の血管が拡張**する(放熱量が増加)。

基本問題

解答 ➡ 別冊 p.14

67 血糖濃度の調節 〈テスト必出〉

血糖濃度に関する次の文中の〔　〕内の最も適当なものをそれぞれ選べ。

□ (1) 血糖濃度は，ヒトでは約〔① 0.1　② 1.0　③ 10〕%に調節されている。

□ (2) 極端な〔①高血糖　②低血糖〕になると，昏睡(こんすい)状態になることがある。

□ (3) 〔① グルカゴン　② インスリン　③ アドレナリン〕は，肝臓や筋肉の中に糖をグリコーゲンとして蓄えるはたらきをもつ。

□ (4) 血糖濃度の調節の中枢は，〔① 大脳　② 間脳　③ 延髄〕にある。

68 体温の調節

体温調節について述べた次の文の(　)に適当な語を入れよ。

□ (1) 哺乳類や鳥類などの動物は，気温が変化しても体温を一定に保っている。このような動物を①(　　)動物という。

□ (2) 体温を調節する中枢は，②(　　)の視床下部にある。ここが，温度の低下を感知すると，③(　　)神経のはたらきで体表の血管や立毛筋が④(　　)することによって，熱の放出が抑えられる。

□ (3) また，⑤(　　)から⑥(　　)刺激ホルモンが分泌され，⑥からチロキシンというホルモンが分泌されて，代謝が促進され，熱が発生する。

できたらチェック。 応用問題

解答 → 別冊p.14

□ **69** 〈差がつく〉 **血糖濃度の調節のしくみを示した図の①～⑫に入る語を下から1つずつ選べ。(①，②は神経の名称，③～⑥は器官の部分名，⑦～⑫は物質名)**

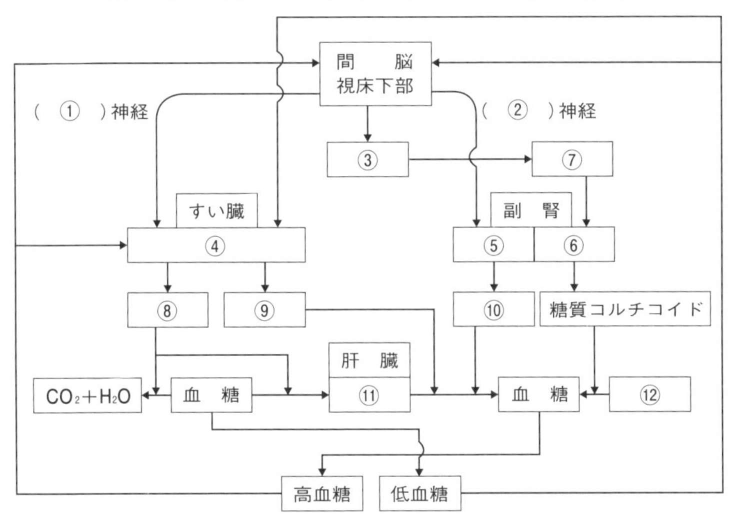

ア	アドレナリン	イ	インスリン	ウ	副腎皮質刺激ホルモン
エ	チロキシン	オ	グルカゴン	カ	グリコーゲン
キ	デンプン	ク	タンパク質	ケ	皮質
コ	髄質	サ	交感	シ	副交感
ス	脳下垂体前葉	セ	脳下垂体後葉	ソ	ランゲルハンス島

ガイド　すい臓のランゲルハンス島のB細胞からは血糖濃度を低下させるインスリンが分泌され，A細胞からは血糖濃度を上昇させるグルカゴンが分泌される。

15 体液の循環

テストに出る重要ポイント

- **体液の循環**
  - ① **肺循環**…右心室→肺動脈→肺→肺静脈→左心房
  - ② **体循環**…左心室→大動脈→全身（心肺を除く）→大静脈→右心房
- **血管の種類**
  - ① **動脈**…心臓から送り出される血液が流れる血管。**血管壁が厚い**。
  - ② **静脈**…心臓に戻る血液が流れる血管。血管壁は薄く，**弁がある**。
  - ③ **毛細血管**…動脈と静脈をつなぐ血管。血管壁は1層の内皮細胞層。血しょうと組織液が互いに行き来できる。

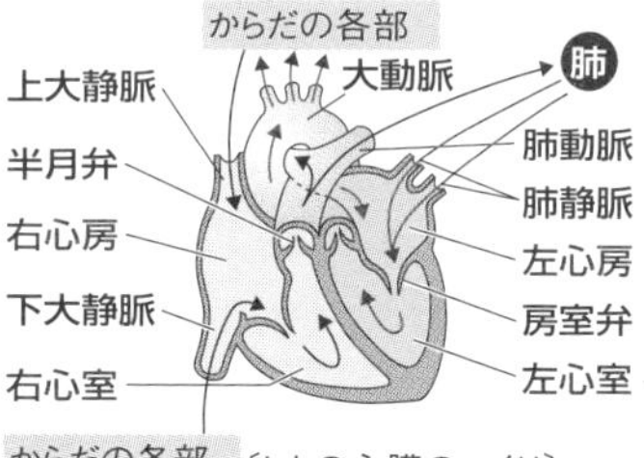

からだの各部
上大静脈
大動脈
肺
半月弁
肺動脈
肺静脈
右心房
左心房
下大静脈
房室弁
右心室
左心室
からだの各部
〔ヒトの心臓のつくり〕

- **血液の凝固と線溶（せんよう）**…凝固と線溶の協働で血管は状態を維持。
  - ① **凝固**…血管損傷→**血小板**集合→**フィブリン**生成→**血ぺい**形成
  - ② **線溶**…フィブリンを溶かす。線溶がはたらかないと梗塞（こうそく）を生じる。
- **脊椎動物の心臓のつくり** 発展
  - ① **魚類**…1心房1心室。
  - ② **両生類・ハ虫類**…2心房1心室。
  - ③ **鳥類・哺乳類**…2心房2心室。

基本問題

解答 ➡ 別冊 *p.14*

できたらチェック。

70 血管系

□ 次の文中の（　）に適する語を下のア～カより1つずつ選び，記号で答えよ。

ヒトの血管は，動脈と静脈が①（　　）によりつながっているので，血液は常に循環している。

血液は，全身の細胞に②（　　）や栄養分を運び，③（　　）や老廃物を運び出している。組織では，血液の液体成分④（　　）が①からしみ出して，⑤（　　）となって，細胞との間で物質のやりとりを行う。

ア　酸素　　イ　二酸化炭素　　ウ　リンパ系　　エ　組織液
オ　血しょう　　カ　毛細血管

71 心臓の構造 〈テスト必出

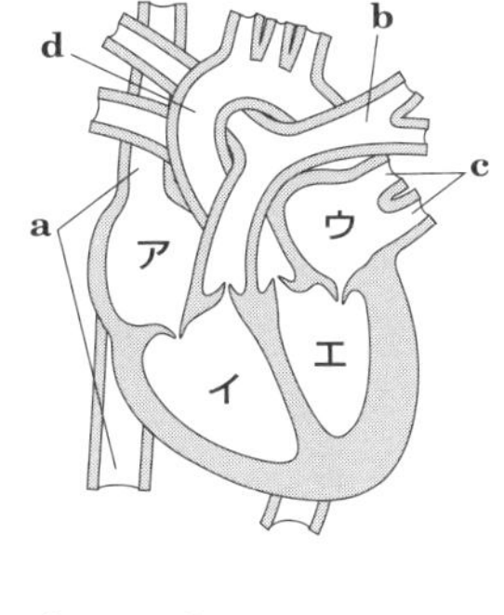

図はヒトの心臓の構造を示した模式図である。図中のア～エは心臓の構造を，a～dは心臓につながる血管を表している。以下の問いに答えよ。

□ (1)　これは心臓を腹側から見た図か，背側から見た図か。

□ (2)　次の①，②にあたる心臓の部分を図中のア～エからそれぞれ選び，記号で答えよ。

①　右心房　　②　左心室

□ (3)　次の①，②にあたる血管をそれぞれ図中のa～dからすべて選べ。

①　動脈　　②　動脈血が流れる血管

ガイド　(3)②動脈血は肺でガス交換を終え，酸素を多く含んだ血液。肺から心臓に流れ，心臓から全身に送り出される。

72 血管の種類と構造

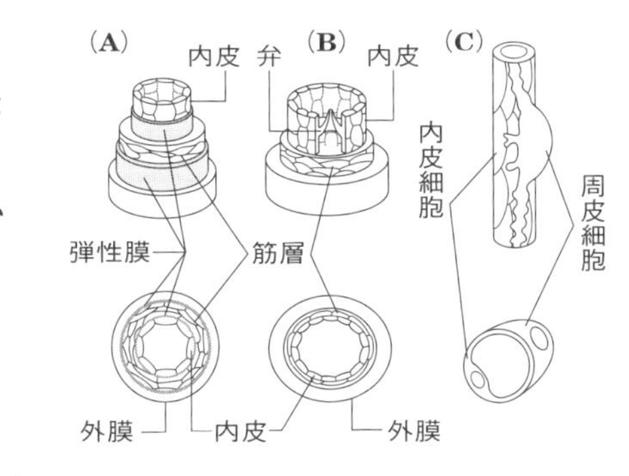

図は血管の種類とその構造を示したものである。次の問いに答えよ。

□ (1)　3種類の血管の名称を次のなかから1つずつ選び，記号で答えよ。

ア　動脈　　イ　静脈

ウ　毛細血管

□ (2)　次の文中の(　)に適する用語を，語群から1つずつ選び，記号で答えよ。

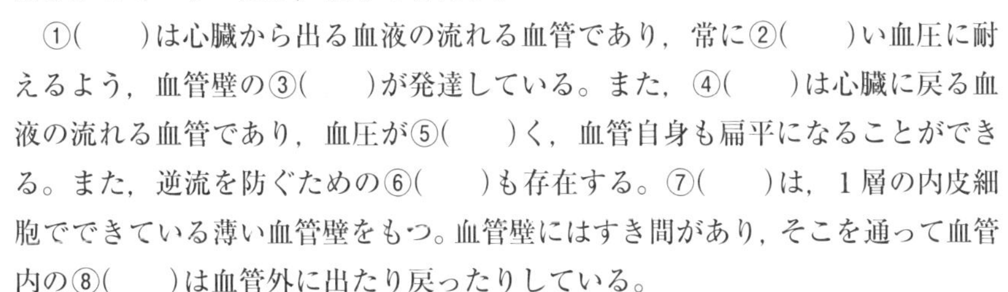

①(　　)は心臓から出る血液の流れる血管であり，常に②(　　)い血圧に耐えるよう，血管壁の③(　　)が発達している。また，④(　　)は心臓に戻る血液の流れる血管であり，血圧が⑤(　　)く，血管自身も扁平になることができる。また，逆流を防ぐための⑥(　　)も存在する。⑦(　　)は，1層の内皮細胞でできている薄い血管壁をもつ。血管壁にはすき間があり，そこを通って血管内の⑧(　　)は血管外に出たり戻ったりしている。

〈語群〉　ア　動脈　　イ　静脈　　ウ　毛細血管　　エ　高

オ　低　　カ　赤血球　　キ　筋肉層　　ク　繊維層

ケ　組織　　コ　弁　　サ　細胞　　シ　血しょう

ガイド　(2)⑧は血液の液体成分。

73 循環系 〈テスト必出〉

図はヒトの心臓と血管系を示した模式図である。以下の問いに答えよ。

□ (1) 図のア，イには心房または心室の名称を，ウ，エには血管の名称を示せ。

□ (2) 酸素を運搬する細胞は何か。細胞の名称を答えよ。また，その細胞の何という成分が酸素を結合するのか。成分の名称を答えよ。

□ (3) 図中の**a**～**h**で，次のような血液が流れている血管はどれか。

① 酸素を最も多く含む血液

② 食事後に栄養分を最も多く含む血液

③ 老廃物が最も少ない血液

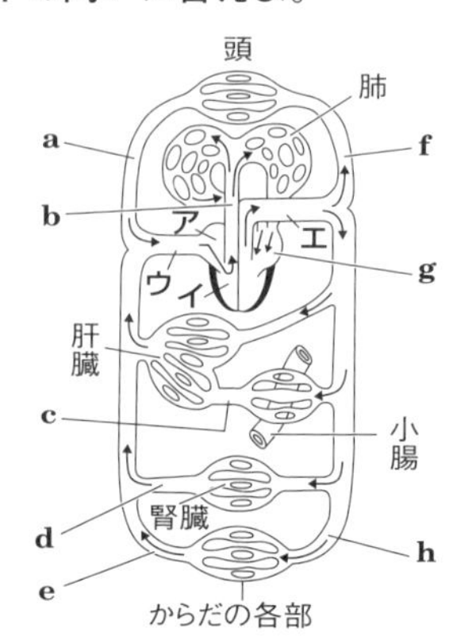

74 血液の凝固

次の文を読んで，あとの問いに答えよ。

ヒトの血液成分は，液体成分である①(　　)と赤血球などの有形成分に分けられる。血液を採取して試験管内に入れ，しばらく放置すると，液体成分のなかにあるタンパク質が繊維状になり，有形成分の最も多くを占める②(　　)やそれ以外の有形成分とからまり，固まりをつくる。この現象を③(　　)といい，生じた固まりを④(　　)，上澄みの液体を⑤(　　)という。

□ (1) (　)内に適する語を入れよ。

□ (2) この現象に深くかかわっている血液の有形成分は何か。

応用問題

解答 ➡ 別冊*p.15*

できたらチェック。

75 発展

毛細血管内で損傷を生じた場合，その損傷部位をふさぐように血液凝固反応が起こる。これに関する以下の各問いに答えよ。

□ (1) 血液凝固反応を示す次の図の(　)内に適する語句を答えよ。

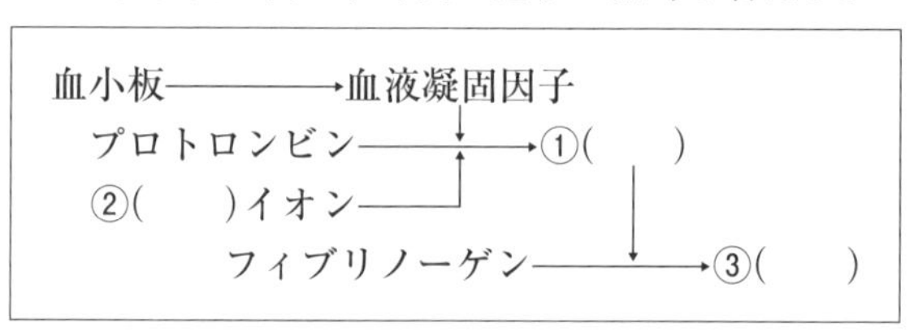

□ (2) 損傷の修復が終了したら，もとのように血液が流れるためには，凝固した血液を取り除く必要がある。凝固した血液が分解され取り除かれる現象を何というか。

□ (3) 採取した血液も放置すると凝固が起こる。次の①～③の操作を行うとこれを防ぐことができるが，それぞれどのようなしくみによるのか，簡単に説明せよ。

① クエン酸ナトリウムを加える。

② 冷やす。

③ 棒でかき混ぜる。

ガイド (2)は凝固した血液((1)の③)を溶かす反応。これがうまく起こらないと③が血管につまり血液が流れなくなる梗塞(こうそく)が起こる。
(3)①クエン酸ナトリウムは血液凝固にはたらくイオンと結合する。
③血液を棒でかき混ぜると，繊維状のタンパク質がからみついてくる。

76 発展 次の図は脊椎動物の循環系を示したもので，図中の★は肺またはえらを表している。以下の各問いに答えよ。

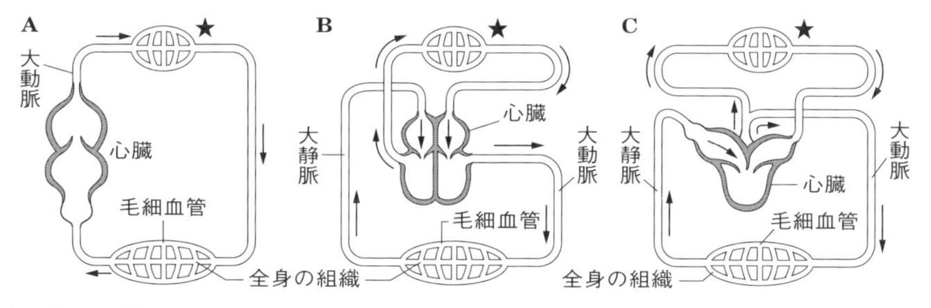

□ (1) 次の動物の心臓は，上記のどれか。記号で答えよ。

① カエル　② ニワトリ　③ フナ　④ ネズミ

□ (2) 上図の循環系は，心臓の構造の違いによって，酸素運搬能力が異なる。酸素運搬能力の優れている順に並べ，記号で答えよ。

ガイド (2)心室が２つに分かれていない循環系では，肺から流れてきた酸素の豊富な血液が全身の組織から戻ってきた酸素の少ない血液と混ざってしまう。

16 肝臓と腎臓

テストに出る重要ポイント

■ 肝臓の構造 発展

① **肝小葉**…肝臓の基本単位。大きさ1mm程度，50万個の肝細胞。

② **胆管**…胆汁を放出(排出物を多く含む)。

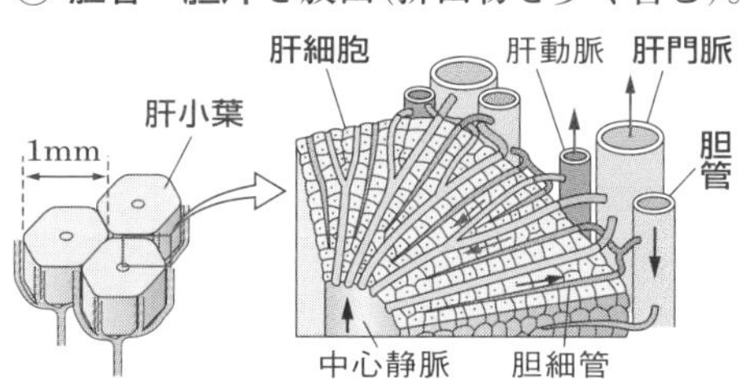

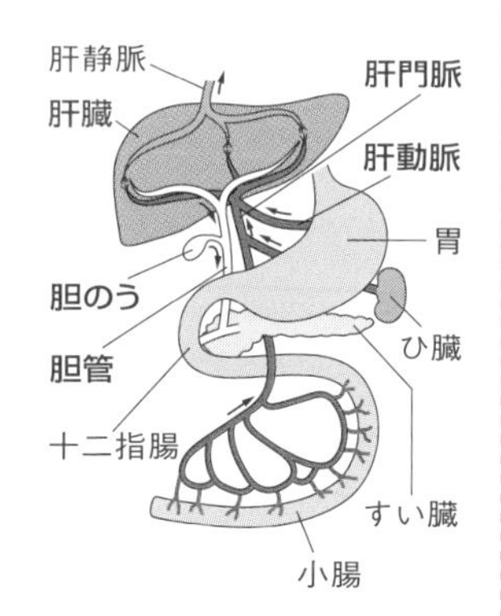

● 肝臓につながる血管

① **肝動脈**…酸素の多い血液(心臓から)が流れる。

② **肝門脈**…栄養分の多い血液(小腸から)が流れる。

③ **肝静脈**…肝臓で加工された物質の多い血液が流れる。

● 肝臓のはたらき

① **血糖濃度の調節**(**グリコーゲン**の合成と分解)

② **尿素の合成**(**アンモニアの無毒化**；**尿素回路**) ※オルニチン回路ともいう。

③ **胆汁**の生成(ヘモグロビンの分解；ビリルビンの生成)

④ 血しょうタンパク質の合成　　⑤アルコールの分解や解毒

■ 腎臓の構造とはたらき 発展

腎単位(ネフロン)
- **腎小体**…ろ過
- **細尿管**…再吸収

①**ろ過されないもの**…血球，タンパク質

②**ろ過され再吸収されるもの**…グルコース，無機塩類，水

③**再吸収されにくいもの**…尿素

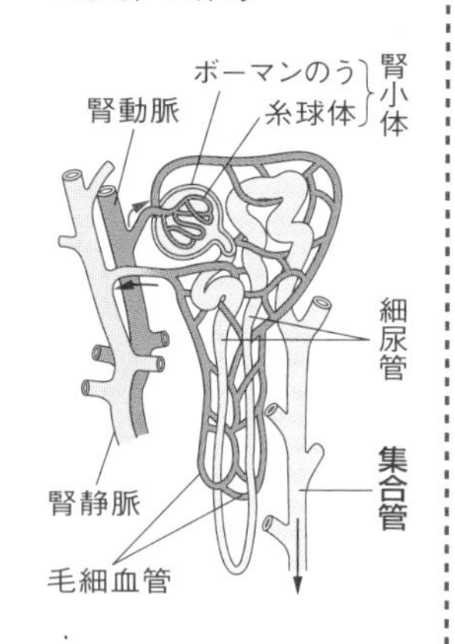

■ 尿の生成 発展

(**原尿**)→**細尿管**→**集合管**→(**尿**)→**腎う**→**ぼうこう**→(排出)

基本問題

解答 ➡ 別冊p.16

77 腎臓と肝臓のはたらき 〈テスト必出〉

できたらチェック。

次の文について，肝臓に関係のあるものにA，腎臓に関係のあるものにBを記せ。

□ ① 脂肪の消化を助ける胆汁を生成する。
□ ② アンモニアから毒性の低い尿素を合成する。
□ ③ 体液の無機塩類の量を調節している。
□ ④ 体液の水分の量を調節している。
□ ⑤ 背中側に左右1対ある臓器である。
□ ⑥ 血液中のタンパク質を合成する器官である。
□ ⑦ 小腸で吸収したグルコースからグリコーゲンを合成している。
□ ⑧ 血液中の糖(血糖)濃度を調節している。
□ ⑨ 尿を生成する。
□ ⑩ 古い赤血球を破壊し，その成分を排出する。

応用問題

解答 ➡ 別冊p.16

78 発展 右の表は，血しょうや原尿，尿の成分の一部を示したものである。これについて，問いに答えよ。

できたらチェック。

成分	血しょう〔%〕	原尿〔%〕	尿〔%〕
タンパク質	7	0	0
ア	0.1	0.1	0
尿素	0.03	0.03	2
尿酸	0.002	0.002	0.05
アンモニア	0.001	0.001	0.04
Na^+	0.32	0.32	0.35
K^+	0.02	0.02	0.15

□ (1) 表のアの物質名を答えよ。
□ (2) 次の①～③の物質は表中のどれか。
　① まったくろ過されない物質。
　② ろ過され，水とほぼ同じ割合で再吸収される物質。
　③ 濃縮率が最も大きい物質。
□ (3) (2)の③の濃縮率を答えよ。
□ (4) 再吸収が行われるのは，腎単位の何という部分か。
□ (5) ヒトの1日あたりの原尿量は約170L，尿量は約2Lである。このときの水の再吸収率は何%か。

ガイド (3)濃縮率＝尿中の濃度÷血しょう中の濃度

17 自然免疫

テストに出る重要ポイント

- **病原体**…ヒトの体内に侵入して病気を引き起こす原因となるもの(細菌やウイルスなど)の総称。
- **感染症**…病原体によって引き起こされる病気。
- **生体防御のしくみ**…異物が体内に侵入するのを皮膚や粘膜(にある粘液)によって**物理的・化学的**に防ぐ。体内に侵入した異物に対しては，**食作用**によって防ぎ，これらで排除できない異物に対しては，**適応免疫**(→*p.54*)によって防ぐ。
- **食作用**…体内へ侵入した病原体などの異物を取り込み消化するはたらき。
- **免疫**…異物(**非自己**の物質)を排除し，体内環境を維持するしくみ。免疫の種類は，**自然免疫**と**適応免疫**(→*p.54*)に分けられる。
- **自然免疫**…**好中球**や**マクロファージ**は食作用によって異物を排除し，**ナチュラルキラー細胞**(**NK細胞**)は感染細胞への攻撃を行う。
- **炎症**…自然免疫により局所がはれ，かゆみ，痛み，熱などをもつこと。
- **免疫にかかわる組織と器官**
  ① **リンパ節**…多くのリンパ球が集まる。
  ② **リンパ管**…リンパ液が流れる管。
  ③ **骨髄**…赤血球や白血球のもととなる造血幹細胞が存在する。
  ④ **胸腺**…T細胞(→*p.54*)の成熟や分化が行われる。
  ⑤ **ひ臓**…異物の除去が行われる。

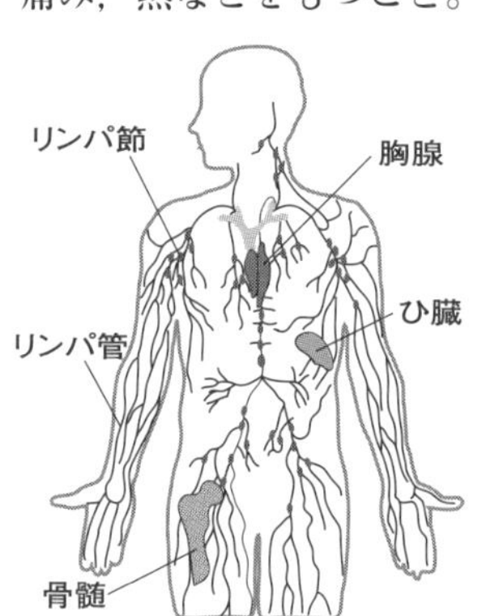

- **造血幹細胞の分化**

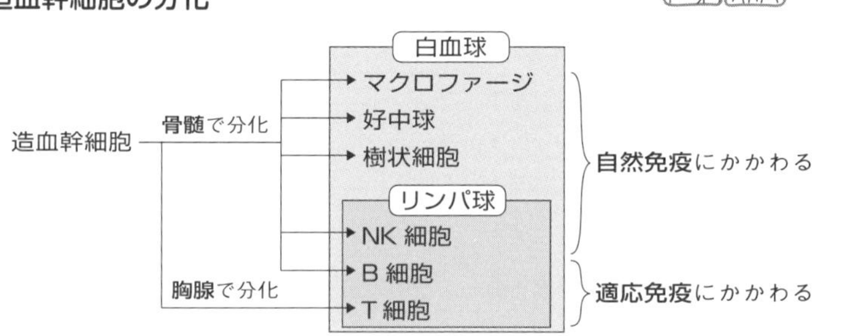

基本問題

解答 ➡ 別冊 p.16

できたらチェック。

79 自然免疫 〈テスト必出〉

□ 次の文中の空所に適する語を答えよ。

体内に侵入する異物は，どのようなものが入ってくるのか定かではない。このような不特定な異物に対する免疫のしくみを，①(　　)免疫という。

からだを覆う②(　　)は最初の防御のしくみである。②は角質化した細胞が積み重なり，物理的に異物の侵入を防ぐ。気管や消化管などの表面にある粘膜は，③(　　)を分泌する。③の中には微生物を分解する成分も含まれている。

これらの防御を突破してきた異物に対しては，第２の防御機構として，血液中の白血球である④(　　)や単球がはたらく。単球は，組織へ移動して⑤(　　)に分化した後，④と同様に異物を認識して，細胞内に取り込み，消化する。このはたらきを⑥(　　)という。

①免疫がはたらいている部分には，痛みや腫れを生じることがある。傷口から出る警報物質によって，毛細血管が拡張して血流が増えることで，赤くなり熱をもつ。このような反応を⑦(　　)という。

応用問題

解答 ➡ 別冊 p.16

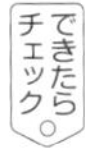

80 免疫に関する以下の問いに答えよ。

□ (1) 食作用の説明として正しいものを，次のア～カから１つ選べ。

ア　赤血球が異物を細胞内に取り込んで排除する。

イ　リンパ球が異物を細胞内に取り込んで排除する。

ウ　マクロファージや好中球が異物を細胞内に取り込んで排除する。

エ　赤血球が形質細胞(抗体産生細胞)に分化し，抗体を産生する。

オ　リンパ球が形質細胞(抗体産生細胞)に分化し，抗体を産生する。

カ　マクロファージや好中球が形質細胞(抗体産生細胞)に分化し，抗体を産生する。

□ (2) 赤血球や白血球がつくられる組織・器官として正しいものを，次のア～オから１つ選べ。

ア　ひ臓　　イ　肝臓　　ウ　リンパ管　　エ　骨髄　　オ　胸腺

18 適応免疫とその応用

テストに出る重要ポイント

- **適応免疫(獲得免疫)**…侵入した異物を捉(とら)えた**樹状細胞**が，異物の一部を**抗原**として提示(**抗原提示**)することで，**T細胞**と**B細胞**が活性化する。
  ① **体液性免疫**…B細胞から分化した**形質細胞**(**抗体産生細胞**)が**抗体**(**免疫グロブリン**というタンパク質)をつくり，血中に放出。抗体が抗原に結合し無毒化する**抗原抗体反応**によって異物を排除。
  ② **細胞性免疫**…抗原に対応したT細胞が増殖し，がん細胞などに直接攻撃を行う。

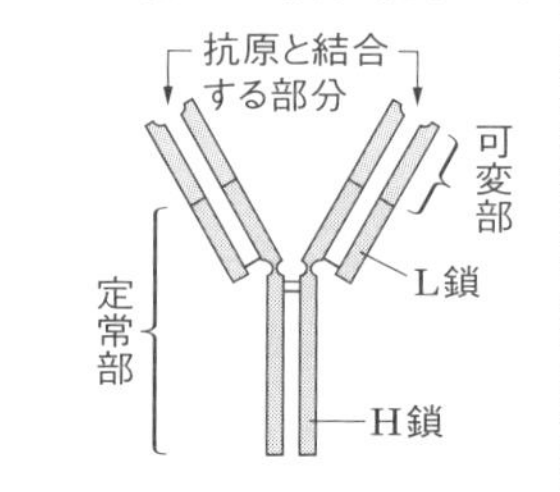

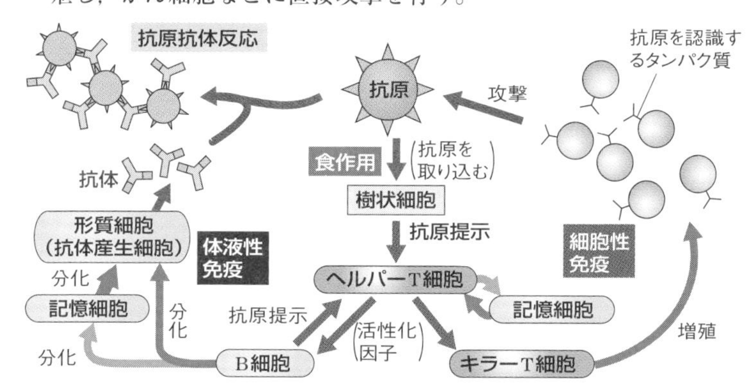

- **免疫寛容**…自分自身の物質に対して，適応免疫による反応がはたらかない状態。
- **免疫記憶**…T細胞やB細胞の一部が**記憶細胞**として残り，同じ抗原が再度侵入した場合に**1度目よりも速く強い反応**が起こる(**二次応答**)。
- **拒絶反応**…移植された臓器に対して細胞性免疫がはたらき，移植された臓器の細胞を殺してしまう現象。
- **ワクチン**…人為的に投与する抗原(無毒化した病原体など)。感染前にワクチンを接種(**予防接種**)することにより免疫記憶をつくり病気を予防。例 BCG(結核の予防)
- **血清療法**…病原体や毒素(無毒化したもの)を動物に注射して抗体をつくらせておき，その**抗体を含む血清**(**抗血清**)を利用。例 ヘビ毒の治療

▶ 免疫の異常

① **自己免疫疾患**…免疫寛容のしくみに異常が生じ，自己の細胞や組織に対して免疫反応が生じ攻撃してしまう疾患。

② **アレルギー**…免疫反応が過剰に起こり生体に害を及ぼすこと。原因抗原を**アレルゲン**という。また，重度のアレルギー反応により，生命にかかわる症状になってしまうことを**アナフィラキシーショック**という。例 花粉症，ぜんそく，じんましん

③ **AIDS**（エイズ）**（後天性免疫不全症候群）**…T細胞に感染するウイルスである**HIV**によって免疫機能が低下し，健常なヒトが発症しない感染症（**日和見**（ひよりみ）**感染症**）やがんになりやすくなる病気。

基本問題

解答 ➡ 別冊p.17

81 適応免疫 テスト必出

免疫反応では，異物（非自己）の認識及び排除において，さまざまな免疫細胞が重要なはたらきを担っている。次の文を読み，以下の問いに答えよ。

侵入した異物を取り込んだ①（　　）は，その A 抗原情報を細胞膜表面から他の細胞に伝える。ヘルパー②（　　）がこの情報を受け取り，ある因子を分泌する。

体液性免疫では，この因子によって③（　　）が活性化されて④（　　）に分化し，抗原に対して特異的な抗体が産生される。B 抗体は特異的に抗原と結合することで抗原を無毒化する。細胞性免疫では⑤（　　）から抗原の情報を受け取ったヘルパー⑥（　　）が活性化させる因子を分泌し，それを受けたキラー⑦（　　）がウイルスに感染した細胞を攻撃する。

免疫反応では，同一の抗原の2度目の侵入に対しては，C 1度目よりも素早く，強い免疫反応が起こる。

できたらチェック。

□ (1) 文中の空欄に当てはまる細胞を，次のなかから1つずつ選び，記号で答えよ。ただし，記号は同じものをくり返し用いてもよいものとする。

ア　B細胞　　イ　T細胞　　ウ　記憶細胞
エ　肥満細胞　　オ　樹状細胞　　カ　形質細胞（抗体産生細胞）

□ (2) 下線部Aを何というか。

□ (3) 下線部Bについて，この反応を何というか。

□ (4) 下線部Cについて，その理由を簡潔に記せ。

82 体液性免疫と細胞性免疫 テスト必出

下の各文は次のA～Dのどれに当てはまるか。それぞれ記号で答えよ。

A　体液性免疫のみ　　B　細胞性免疫のみ

C　体液性免疫と細胞性免疫　　D　A～Cのいずれでもない

□ (1)　好中球がはたらく。

□ (2)　B細胞がはたらく。

□ (3)　キラーT細胞がはたらく。

□ (4)　樹状細胞による抗原提示を受ける。

□ (5)　NK細胞がはたらく。

□ (6)　毛細血管の拡張などによって炎症が起こる。

□ (7)　ヘルパーT細胞がはたらく。

□ (8)　免疫記憶細胞によって，2度目の侵入に対して速やかに反応する。

□ (9)　特異的に結合する抗体によって異物を不活性な状態にする。

□ (10)　血小板によって血液を凝固する。

□ (11)　臓器移植の際に起こる拒絶反応に，おもにかかわる。

ガイド　(11)臓器移植での拒絶反応では，おもにT細胞が移植細胞を直接攻撃する。

83 免疫の応用と疾病

次の(1)～(6)について，最も関係の深い用語を記せ。

□ (1)　インフルエンザの予防接種では，あらかじめウイルスをニワトリの卵で培養してつくった抗原を注射する。

□ (2)　あらかじめ抗原をウマなどに接種して，免疫によってつくられた抗体を含む血液成分を治療に使う。

□ (3)　ある種類の生魚の料理を食べたところ，しばらくしてじんましんが生じた。

□ (4)　T細胞に感染して後天性免疫不全症候群(AIDS)の原因となるウイルスの名前(アルファベット3文字)。

□ (5)　免疫力が低下すると，健康時には通常発病しない病原体が増殖し発病する。

□ (6)　リウマチやI型糖尿病のように，自分自身の正常な細胞や組織に対して免疫のしくみが過剰に反応し，攻撃してしまう。

ガイド　「エイズ(AIDS)」は病名，ウイルス名は**Human Immunodeficiency Virus**(ヒト免疫不全ウイルス)。

応用問題

解答 ➡ 別冊 p.18

84 〈差がつく〉 図はマウスに抗原Aを接種した(図中のⅠ)後に，血清中の抗体量の変化を日ごとに調べたものである。

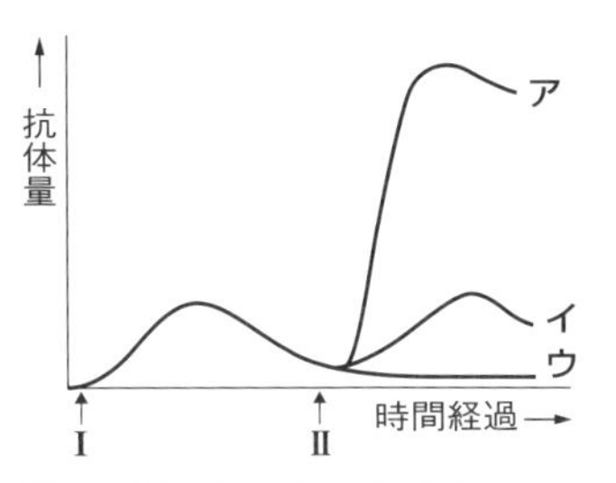

できたらチェック。

□ (1) Aを接種した1か月後(図のⅡ)に以下の①～③の接種を行ったとき，血清中の抗体量はどのようになるか。グラフのア～ウから1つずつ選べ。ただし，記号は同じものをくり返し用いてもよいものとする。

① 抗原Aを接種した場合　② 抗原Aとは異なる抗原Bを接種した場合

③ 抗原Aと抗原Aとは異なる抗原Bを混ぜて接種した場合

□ (2) グラフがアとなる場合の理由を記せ。

85 A，B，Cの異なる3系統のマウスで皮膚の移植実験を行った。

ア 系統Aに系統Bの皮膚を移植したところ，10日後に皮膚が脱落した。

イ アのマウスに再び系統Bの皮膚を移植したところ，5日後に脱落が起きた。

□ (1) 移植した皮膚の脱落には，どのような免疫細胞が関与しているか。免疫細胞の名称を答えよ。また，この免疫細胞が増殖・分化する器官名を答えよ。

□ (2) イで皮膚の脱落が早まった理由を記せ。

□ (3) アのマウスに系統Cの皮膚を移植するとどうなるか。理由を含めて記せ。

86 〈発展〉 ABO式血液型で知られる凝集素(血しょう中の抗体)と凝集原(赤血球膜表面にある抗原)は，体内に生まれつき備わっている抗体と抗原である。

ヒトのABO式血液型の場合，凝集素にはαとβがあり，凝集原はAとBがある。凝集素αは凝集原Aの抗体であり，凝集素βは凝集原Bの抗体である。

血液型	A型	B型	AB型	O型
凝集原	A	B	AとB	なし
凝集素				
αを含む血清への反応				
βを含む血清への反応				

□ (1) 各血液型に含まれる凝集素を，表中に記入せよ。

□ (2) 凝集素αあるいはβを含む血清に各血液型の血液を混ぜたとき凝集が起こるなら「＋」を，凝集が起こらないなら「－」を表中に記せ。

ガイド (1)Aとα，Bとβが混じると凝集が起こってしまうので，同一人物や同じ血液型どうしの血液中には凝集素と凝集原はこれらの組み合わせでは含まれない。

19 植生とその構造

テストに出る重要ポイント

- **植生**…ある場所に生育する植物全体。
  ① **相観**(植生の外観)による区分…森林・草原など。
  ② **構成種による区分**…**優占種**(植生の中で被度の大きな種や個体数の多い種)による区分。例 ブナ林　※被度…植物体が被う面積の割合
- **生活形**…生活様式を反映した植物などの生物の形態。植生の相観は植物(優占種)の生活形によって決まり，環境に対応している。
  例 常緑針葉樹，落葉広葉樹，1年生草本，つる植物，多肉植物
- **森林の階層構造**…森林内には高さにより，**高木層・亜高木層・低木層・草本層**の階層構造が存在。熱帯雨林で発達，人工林は単純。
  - **林冠**…森林の最上部で葉が展開している部分。
  - **林床**(りんしょう)…森林の地表付近。非常に少ない光でも光合成を行い成長できる植物だけが生育。

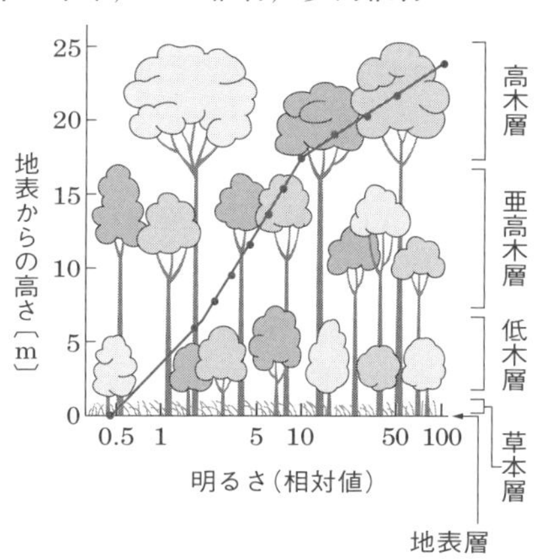

- **土壌**…岩石の風化物と生物の遺体が分解されてできた有機物(**腐植**(ふしょく))が混ざってできる。よく発達した土壌➡**層状構造**・**団粒構造**(だんりゅう)も存在。
- **土壌の階層構造**…地表面に近い部分から，落葉・落枝の層，腐植に富む層，岩石の風化した層，母岩と続く。落葉・落枝の層にはダニ・トビムシなど，腐植に富む層にはミミズや菌類などの土壌生物が生活。

基本問題

解答 ➡ 別冊 *p.18*

87 植物の形態と植生

□ 次の文を読み，文中の空欄に入る語をあとの語群から選べ。

植物は生育する環境に適した生活様式や形態をもつため，形態による分類も行

われる。環境を反映した形態の種類を①(　　)という。ある場所に生育する植物全体を植生というが，植生の外観すなわち②(　　)は，最も丈が高く多くの面積をおおっている③(　　)の①によって決まる。例えば，年間降水量が多い地域では④(　　)などが③となり，植生の②は⑤(　　)となる。

〈語群〉　優占種　　相観　　生活形　　固有種　　ツツジ　　ブナ
　　　　　ススキ　　森林　　草原　　砂漠

88 植物群落の構造 テスト必出

一般に植生は葉の茂る高さで，いくつかの層に分けられる。図は照葉樹林を横側から見たようすを示しているが，ここではⅠ～Ⅳの各層に分けられる。これについて，(1)～(5)に答えよ。

□ (1)　図に示した植物群落の層構造は何というか。

□ (2)　図のⅠ～Ⅳの各層の名称を答えよ。

□ (3)　Ⅳ層にだけ見られる植物はどれか。次のア～エから１つ選べ。

ア　ベニシダ　　　イ　スダジイ
ウ　ヤブツバキ　　エ　アオキ

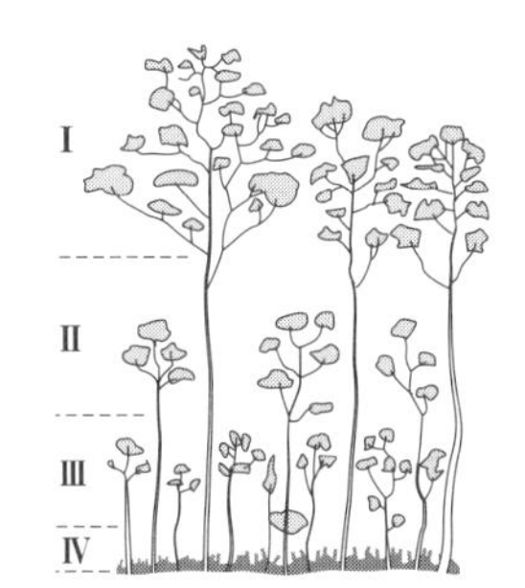

□ (4)　Ⅰ層とⅢ層の葉の性質を調べた。Ⅲ層の葉に該当するのはどれか。次のア～ウから１つ選べ。

ア　葉が厚い　　　イ　葉が薄い
ウ　葉が小さい

□ (5)　この森林ではⅠ層で最も個体数の多い種が植生の中で最も大きな面積をおおっている。このように植生の中で被度が最も大きな種を何というか。

89 土壌

□　次の文の空欄に適語を入れよ。

土壌は岩石が①(　　)した粒子と生物の遺体が分解してできた②(　　)が混ざり形成される。発達した土壌には，地表面から順に　**a)** 落葉・落枝の層，**b)** ③(　　)に富む層，**c)** 岩石の風化した層，**d)** 母岩　と続く層状の構造が見られる。また，**a)**～**d)** の各層のなかでミミズや菌類などの土壌生物が多く見られる層は④(　　)で，その下層には土壌動物の活動により細かな土壌粒子と②がまとまり，保水性と通気性を備えた⑤(　　)構造も見られる。

20 植物の成長と光

テストに出る重要ポイント

- **光合成速度**…一定時間内に行われる光合成の量。単位時間当たりに吸収する二酸化炭素(CO_2)量，または排出する酸素(O_2)量で表される。
- **呼吸速度と見かけの光合成速度**…植物は光合成(CO_2吸収)と同時に呼吸(CO_2放出)も行う。通常，測定するCO_2吸収速度(見かけの光合成速度)は光合成によるCO_2吸収速度と呼吸によるCO_2放出速度との差。
- **光合成速度＝見かけの光合成速度＋呼吸速度**
- **光―光合成曲線**…光の強さと植物のCO_2吸収速度との関係を示したグラフ(CO_2濃度一定)。

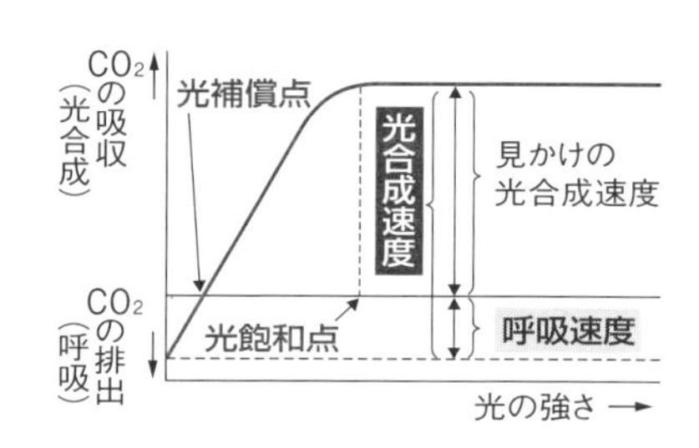

① **暗黒時**…光合成は行われず，呼吸のみが行われる。
② **光が弱いとき**…光合成によるCO_2吸収速度＜呼吸によるCO_2排出速度
③ **光補償点**…見かけ上CO_2の出入りがなくなるときの光の強さ。
光合成速度＝呼吸速度　光補償点以下の条件では植物の生育不可。
④ **光飽和点**…これ以上光を強くしても光合成速度が増加しない**光飽和**に達したときの光の強さ。

- **陽生植物と陰生植物**

	呼吸速度	光補償点	光飽和点	日なたでの光合成速度	植物例
陽生植物	大	高い	高い	大きい	ススキ，アカマツ
陰生植物	小	低い	低い	小さい	アオキ，ベニシダ

- **陽葉と陰葉**…1本の木でも日当たりのよい場所の葉(陽葉)と日陰の葉(陰葉)で，形態や光合成速度などで違いがある。
  - **陽葉**…小型だが，葉肉が発達して肉厚。**光補償点・光飽和点とも高い**(陽生植物型)。
  - **陰葉**…大型で薄い。光補償点・光飽和点が低い(陰生植物型)。

基本問題

解答 → 別冊p.19

90 光合成と光の強さの関係 〈テスト必出

できたらチェック。

右の図は，ある植物の光の強さと光合成の関係を示したものである。これについて，次の各問いに答えよ。

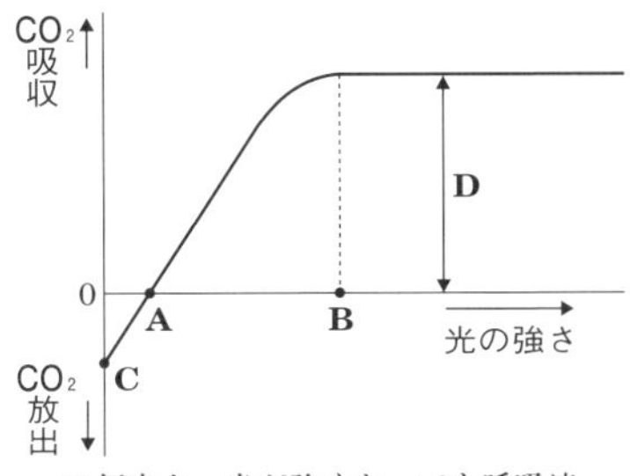

※便宜上，光が強くなっても呼吸速度が変化しないと仮定する。

□ (1) A～Dは，それぞれ何を示しているか。

□ (2) この植物をAより弱い光の状態に放置すると，どのようになるか。

□ (3) 光の強さにかかわらず呼吸速度が一定だとBの光の強さにおける実際の光合成速度は，どのようにして求めればよいか。

ガイド (3)光合成速度をCO_2吸収速度で測定すると，見かけの光合成速度は呼吸によるCO_2放出速度を差し引いたものになる。

応用問題

解答 → 別冊p.19

91

できたらチェック。

〈差がつく 右の図は，ある2種類の植物についての光―光合成曲線である。これについて，各問いに答えよ。

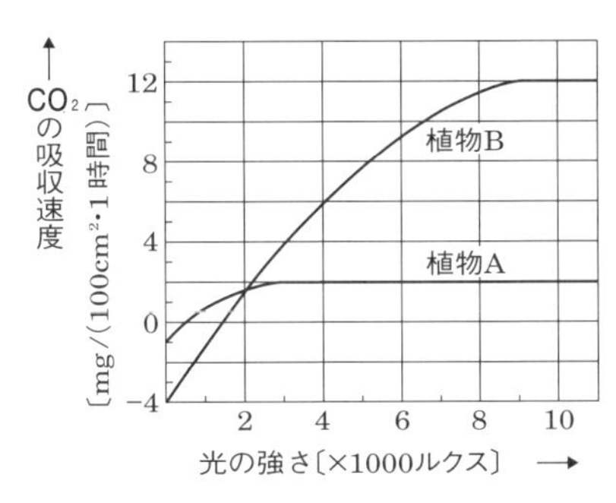

□ (1) 陽生植物はA，Bのどちらか。

□ (2) 植物Bを暗所に2時間置いた。このとき呼吸で排出する二酸化炭素量は葉200 cm^{2}当たりに換算してどれだけか。

□ (3) 呼吸速度が光が強くなっても一定だと仮定したとき，植物Bが10000ルクスの光の強さのときに，光合成で吸収した二酸化炭素量は，2時間で葉200 cm^{2}当たりに換算してどれだけか。

(4) A，B 2種類の植物に10時間4000ルクスの光を照射し，14時間暗黒に置くことをくり返した。A，Bの植物はそれぞれ生長するか。

21 植生の遷移

テストに出る重要ポイント

- **遷移**…ある場所の植生が時間の経過に伴って変化していくこと。
  ① **先駆種(パイオニア種)**…裸地に最初に侵入する乾燥に強い種。
  ② **極相**…遷移の最後の安定した状態。

- **一次遷移**…火山新島，溶岩流跡，土砂崩れ跡など無植生地帯から開始する**乾性遷移**と湖から開始する**湿性遷移**がある。
  ① **日本の一次遷移(乾性遷移)のモデル**
  裸地 ⟶ 荒原 ⟶ 草原 ⟶ 低木林 ⟶ 陽樹林(先駆樹種の林) ⟶ 陽樹と陰樹の混交林 ⟶ 陰樹林(極相)

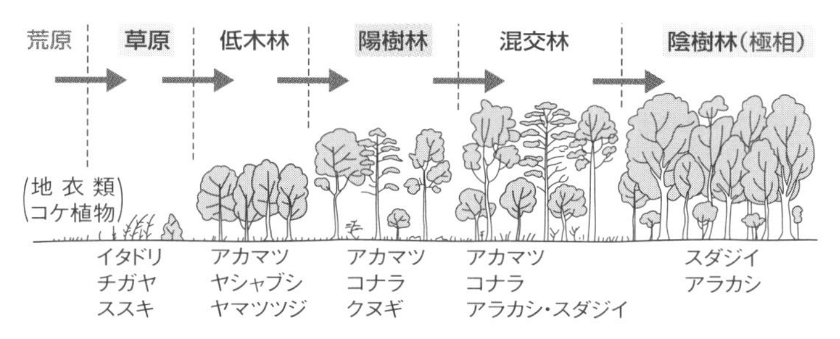

  ② **湿性遷移のモデル**…湖沼(沈水植物 ⟶ 浮葉植物 ⟶ 抽水植物) ⟶ 湿原 ⟶ 草原 ⟶ (乾性遷移と同じ過程) ⟶ 陰樹林(極相)

- **二次遷移**…山火事や伐採などで裸地化された場所から開始する遷移。**土壌や植物体の一部が残っている**ため，一次遷移よりも**速く進行**する。
  〔**二次林**〕二次遷移途上に成立するクヌギ，コナラなどの陽樹林。

- **ギャップ更新**…極相林も老木が台風などで倒れたりすると林冠にすき間(**ギャップ**)が誕生。林床まで光が届き，幼木や陽生植物が生育。極相林内にもモザイク状に「陽樹林」が存在。

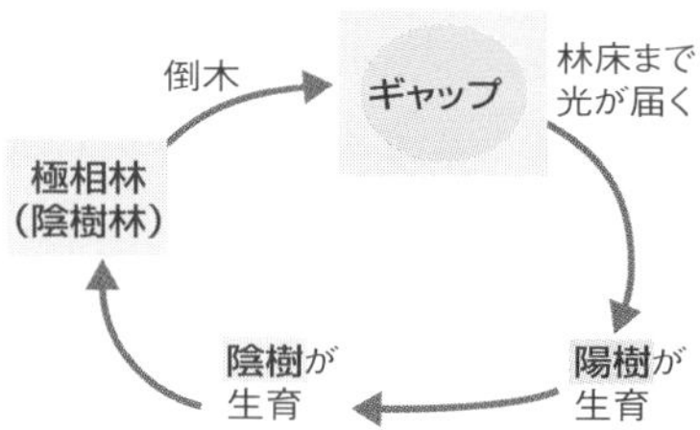

基本問題 解答 ➡ 別冊p.19

できたらチェック。

92 植生の遷移 テスト必出

□ 文中の空欄に適語を入れよ。

裸地から始まる植生の移り変わりを①(　　)といい，溶岩流跡地などから開始する②(　　)と伐採などで植生が破壊された跡地から開始する③(　　)がある。裸地に最初に侵入する種を④(　　)と呼ぶ。①の系列を見ると，裸地から荒原，⑤(　　)へと移り変わり，低木林から⑥(　　)林，そして⑥と⑦(　　)の混交林を経て，⑦林で安定する。この①の最終相を⑧(　　)と呼ぶ。

93 一次遷移

□ 右の図は，暖温帯における一次遷移の過程を示している。空欄①～③に適切な用語を入れ，空欄④～⑧に当てはまる植物名を語群から１つずつ選べ。

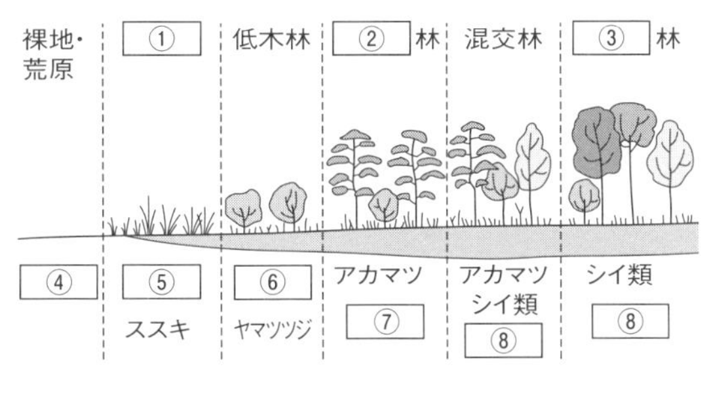

〈語群〉 ア　コケ植物

イ　ウツギ　　ウ　イタドリ　　エ　シラカシ　　オ　コナラ

94 二次遷移

図は関東地方の低海抜地の森林を伐採し，放置したあとで見られる植生の変化を示したものである。(1)・(2)に答えよ。

□ (1) A～Cで見られる植物を次から１つずつ選べ。

ア　スダジイやタブ　　イ　ススキやイタドリ

ウ　コナラやクヌギ

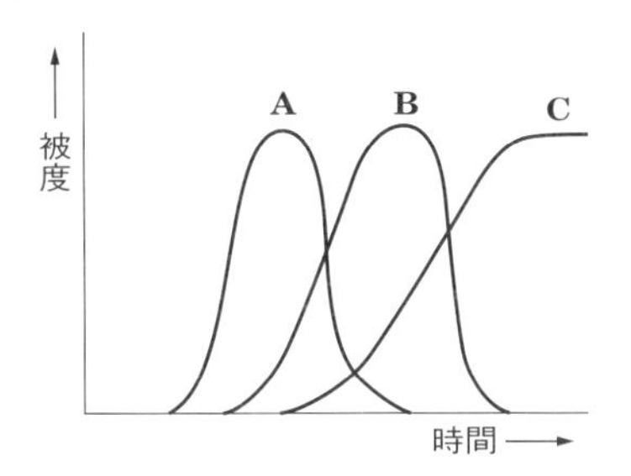

□ (2) 植生Bから植生Cへ変化する原因は何か。次から１つ選べ。

ア　Bの構成種のほうが光補償点が低い。

イ　Cの構成種のほうが光補償点が低い。

ウ　Cの構成種のほうが乾燥に強い。

エ　Bの構成種は常緑のものが多い。

応用問題

解答 ➡ 別冊 p.20

95 表は干拓地の年代が異なる場所に成立している森林の調査結果である。これについて，(1)〜(4)の問いに答えよ。

調査地		a	b	c	d	e	f	g
干拓地の成立年代		1893	1821	1632	1579	1467	1180	770
高木層	アカマツ	5	2	2				
	タブノキ			4	4	4	2	
	スダジイ					2	4	5
亜高木層	タブノキ	1	3	2				
	サカキ				1	3	1	1
	ヤブツバキ				1	1	1	
	モチノキ					2	1	1
低木層	アカメガシワ	2						
	タブノキ	1	1	1	1	1	1	1
	ヤブツバキ				1	2	1	
	サカキ				1	1		1
	スダジイ						1	1
草本層	ススキ	1	1					
	ジャノヒゲ	4	1	1	1	3	1	1
	ヤブコウジ			1	1	1	2	2
	ヤブラン				1	1	1	

表中の数字1〜5は被度階級を示す。それぞれの被度階級が表す被度の範囲は次のとおりである。**1**：1〜10%，**2**：11〜25%，**3**：26〜50%，**4**：51〜75%，**5**：76〜100%

できたらチェック。

□ (1) 陽生植物と考えられる種の組み合わせはどれか。

ア アカマツ・タブノキ・スダジイ　**イ** アカマツ・アカメガシワ・ススキ

ウ タブノキ・スダジイ・サカキ　**エ** ススキ・ジャノヒゲ・ヤブコウジ

□ (2) 先駆樹種の林(陽樹林)の成立から陰樹林に遷移するのにおよそ何年かかるか。

ア 50〜200年　**イ** 200〜350年

ウ 350〜500年　**エ** 500〜650年

□ (3) この地域の極相林で優占する高木は何か。

□ (4) 極相林の特徴に関する記述として間違っているものはどれか。

ア 森林の階層構造は遷移の途中相に比べて複雑である。

イ 林床には極相種の芽生えや幼木が存在する。

ウ 林床が暗く，そこに生活する植物は耐陰性をもち，光補償点も高い。

エ 植物の種類が豊富で，植生の種類組成はほぼ一定に保たれる。

96 次の図は，ある火山島の植生とその植生を構成するおもな植物の分布範囲を線の長さで示したものである。以下の問いに答えよ。

種名＼植生		火山荒原 ——	低木林 ——	落葉・常緑混合樹林 ——	常緑広葉樹林
草本	シマタヌキラン				
	ハチジョウイタドリ				
	シマノガリヤス				
落葉広葉樹	オオバヤシャブシ				
	ミズキ				
	オオシマザクラ				
	オオムラサキシキブ				
	ハチジョウキブシ				
	アカメガシワ				
常緑広葉樹	ホルトノキ				
	シロダモ				
	ヤブツバキ				
	ヤブニッケイ				
	マサキ				
	スダジイ				
	タブノキ				

植生の地層は，火山荒原，低木林がそれぞれ1962年，1874年の火山活動で，常緑広葉樹林はそれよりも古い火山活動の噴出物で構成されている。

□ (1) 火山荒原で見られる多年生の植物は，地下部がよく発達しているものが多い。そのような特徴は，荒原のどのような環境に適応したものと考えられるか。誤っているものを１つ選べ。

① 栄養分に富む表土がほとんどない。

② 地表にある砂礫の保水力が高い。

③ 地表面をおおう植物が少ない。

④ 表土が少なく，地表が乾燥しがちである。

□ (2) 図より火山噴出物の上に成立する植生も，年数を経るに従い，草本中心の植生から常緑広葉樹林へと変化することが認められる。これに伴い，植生の土壌環境がどのように変化したと考えられるか。正しいものを１つ選べ。

① 土壌が次第に乾燥化した。　② 腐植や栄養塩類が多くなった。

③ 砂の層が次第に厚くなった。　④ 地表面に水たまりが多くできた。

22 気候とバイオーム

テストに出る重要ポイント

- **バイオーム(生物群系)**…ある広い地域にその環境要因に適応して生息しているすべての生物の集まり。またその主要な型をいう。
- **気候とバイオーム**…気温(積算温度)と**降水量**が大きく影響。
  (降水量：少 ⟷ 多)
  荒原 ↔ 草原 ↔ 森林
  ① **水平分布**…緯度など水平方向の気候の違いに伴うバイオームの分布。
  ② **垂直分布**…標高の変化に伴うバイオームの分布。

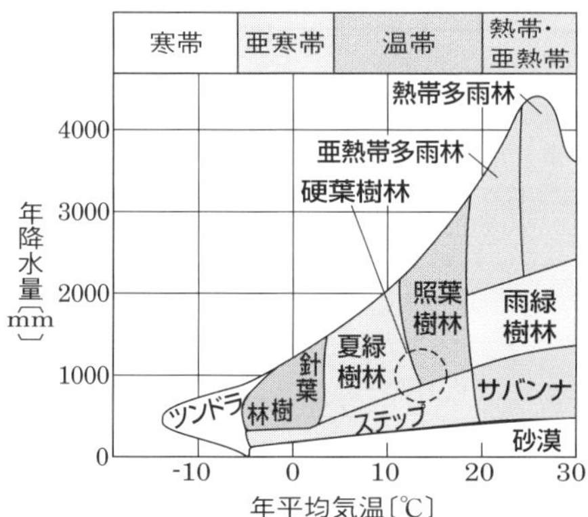

- **森林**…熱帯地域から順に次のように分布する。
  ① **熱帯多雨林・亜熱帯多雨林**…階層構造が発達，巨大な高木，多数の構成種。つる性・着生植物が多い。土壌は未発達。河口には**マングローブ林**。
  ② **雨緑樹林**…熱帯や亜熱帯に分布。**乾季に落葉**。チークなど。
  ③ **照葉樹林**…暖温帯に分布。クチクラ層が発達した**常緑広葉樹**。スダジイ，クスノキ，ヤブツバキなど。
  ④ **硬葉樹林**…地中海性気候(夏季乾燥)地域に分布。オリーブ，コルクガシなど。
  ⑤ **夏緑樹林**…冷温帯に分布。**冬季に落葉**。ブナ，カエデ類など。
  ⑥ **針葉樹林**…亜寒帯に分布。トドマツ，エゾマツなど。
- **草原**…**サバンナ**(熱帯に分布)，**ステップ**(温帯の内陸部に分布)
- **荒原**…**砂漠**，**ツンドラ**(寒帯に分布。地衣類やコケ植物)
- **日本のバイオーム**…降水量が多く，森林が発達。
  ① **水平分布**…南より**亜熱帯多雨林・照葉樹林・夏緑樹林・針葉樹林**。
  ② **垂直分布**…中部日本では下から**丘陵帯**(低地帯)・**山地帯・亜高山帯・高山帯**。高山帯と亜高山帯の境が**森林限界**。

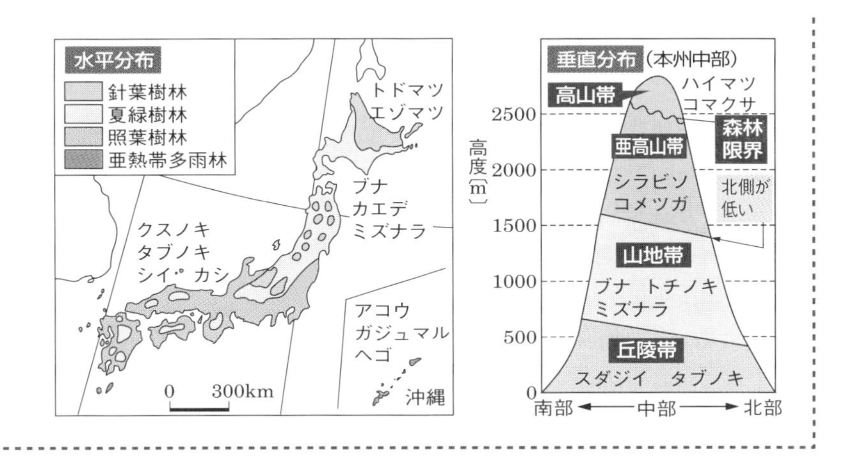

基本問題

解答 ⟹ 別冊p.20

できたらチェック。

97 バイオーム テスト必出

□ 次の図のa～jに示したバイオームの名称を答え，それぞれの解説としてふさわしいものを①～⑩から１つずつ選び，番号で答えよ。

① ブナ・ナラが優占し，冬季に落葉する。

② 冬季に雨が多く，夏は比較的乾燥する。コルクガシやオリーブが優占する。

③ イネ科植物が優占する温帯の草原。枯死した草による腐植土が蓄積している。

④ 長い根を伸ばしたり，夜間だけ気孔を開くなど乾燥に適応した植物が多い。

⑤ 植物の種数が少なく，低木，スゲ，地衣，コケ類の混じった植生である。

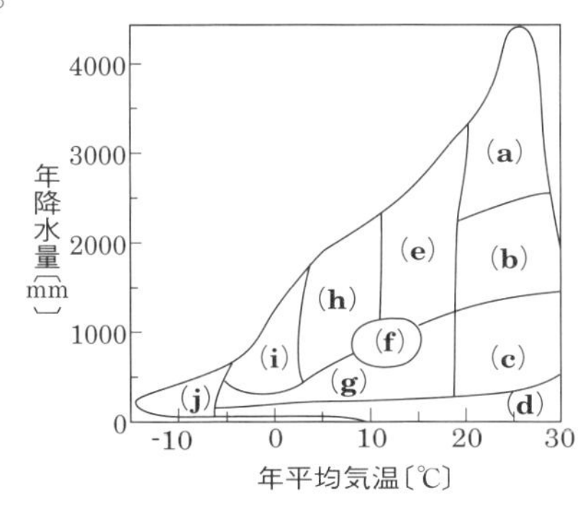

⑥ 樹木の階層構造が発達し，単位面積当たりの種数が非常に多い。

⑦ エゾマツ・トドマツなどの木本が優占する。林床の低木・草本類は少ない。

⑧ 雨季と乾季をくり返す地域に分布し，乾季に落葉するチークが代表的な樹木。

⑨ 夏に多雨の地域に分布し，スダジイやタブノキが優占する。

⑩ イネ科の植物が優占する熱帯の草原。木本類も混じる。

98 植物の水平分布 テスト必出

□ **植物の分布に関する次の文章の①～④に適する語を語群Ⅰから，A～Hに適する植物名を語群Ⅱから選び，記号で答えよ。**

降水量が豊かで南北に細長い日本には，さまざまなバイオームが発達している。沖縄諸島や小笠原諸島には①(　　)が見られ，A(　　)やB(　　)が生育している。九州から関東地方の低地には，かつてC(　　)やD(　　)が極相種となる②(　　)が広く存在していたが，開発により現存しているものはわずかとなっている。東北・北海道南部にはE(　　)やF(　　)などが優占する③(　　)が見られ，北海道東北部にはG(　　)やH(　　)などの④(　　)が見られる。

［語群Ⅰ］ア　照葉樹林　　イ　亜熱帯多雨林　　ウ　針葉樹林　　エ　夏緑樹林

［語群Ⅱ］a　ガジュマル　　b　エゾマツ　　c　ブナ　　d　アコウ
　　　　e　トドマツ　　f　クスノキ　　g　スダジイ　　h　イタヤカエデ

99 垂直分布 テスト必出

図は本州中部の森林分布を模式的に示したものである。次の各問いに答えよ。

〔m〕
D帯
2500
C帯
1600
B帯
600
A帯

□ (1)　標高によるバイオームの分布を何というか。

□ (2)　A帯～D帯の名称をそれぞれ答えよ。

□ (3)　A，B，C，Dの各区分のバイオームを代表する植物を下から2つずつ選べ。

ア　ハイマツ　　イ　シラビソ　　ウ　スダジイ
エ　コマクサ　　オ　コメツガ　　カ　ブナ
キ　ハウチワカエデ　　ク　タブノキ

□ (4)　①夏緑樹林帯，②針葉樹林帯に相当するのはA帯～D帯のそれぞれどこか。

100 日本のバイオーム

次ページの図は，横軸に緯度，縦軸に標高をとり，日本列島のバイオームの分布を模式的に示したものである。これに関して，各問いに答えよ。

□ (1)　図中A～Eに分布するバイオームを次の①～⑧から選べ。

①　針葉樹林　　②　照葉樹林　　③　夏緑樹林　　④　亜熱帯多雨林
⑤　硬葉樹林　　⑥　雨緑樹林　　⑦　ツンドラ　　⑧　高山草原

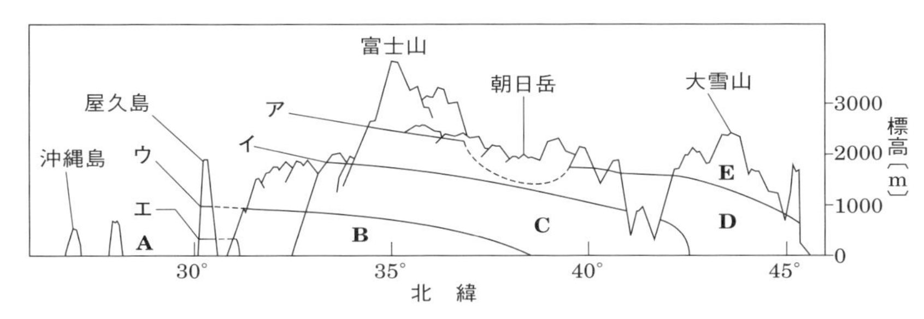

□ (2) 次の①～⑤の樹木は，それぞれ図中A～Eのどの場所で見られるか。

① ソテツ・ヘゴ　② コマクサ・ハイマツ　③ ブナ・カエデ

④ スダジイ　⑤ コメツガ・トウヒ

□ (3) 森林限界を示す線を図中ア～エのなかから選べ。

応用問題

解答 ➡ 別冊p.21

101 できたらチェック。 差がつく 表は世界の4つの都市A～Dにおける，ある年の年平均気温と年降水量である。以下の問いに答えよ。

□ (1) 都市A周辺の植生で優占する植物の高さは，ほかの都市周辺と大きく異なっている。都市A周辺のバイオームの名称を次のア～エから1つ選べ。

ア ツンドラ　イ 照葉樹林

ウ ステップ　エ サバンナ

都市	年平均気温〔℃〕	年降水量〔mm〕
A	10.2	379
B	−2.7	484
C	26.5	1539
D	27.0	3175

□ (2) 都市B周辺地域の植生は森林である。このバイオーム名を答えよ。

□ (3) 都市Cと都市Dの周辺の植生は，それぞれバイオームXとYに属する森林で，バイオームYは常緑樹におおわれている。XとYの名称を答えよ。

□ (4) XとYについて，次のア～エから正しいものをすべて選べ。

ア バイオームXは夏緑樹林より，高緯度に分布する。

イ バイオームXはバイオームYより，林床における光の量の月ごとの変化が大きい。

ウ バイオームYは夏緑樹林より，単位面積当たりの植物の種類数が多い。

エ バイオームXは夏緑樹林より，林冠の葉が得る1年間の光の量が多い。

ガイド 熱帯の雨季と乾季がくり返される地方には雨緑樹林が分布する。乾季があるので，熱帯多雨林が分布する地方とは年降水量に差が生じる。

23 生態系の成り立ち

テストに出る重要ポイント

- **生態系**…ある地域にすむ生物の集団とそれを取り巻く環境のまとまり。
  - **生物的環境**…同種の個体の集団，異種の個体の集団。
  - **非生物的環境**…温度，光，土壌，大気，水，栄養分など。
- **いろいろな生態系**…森林生態系，草原生態系，湖沼生態系など。
- **環境と生物との関係**

  ① **作用**…**非生物的環境が生物に影響を与えること。**

  例 日長の変化による植物の開花・動物の冬眠・鳥の渡り

  ② **環境形成作用**…生物の活動が非生物的環境を変えること。

  例 森林の形成→林内の照度低下や気温の日変化の減少

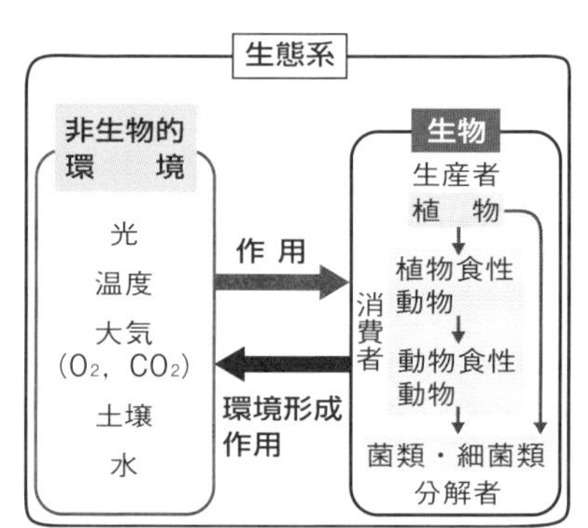

- **生態系を構成する生物どうしの関係**

  ① **生産者**…無機物から有機物を合成する生物。光合成を行う植物や藻類など。

  ② **消費者**…ほかの生物が合成した有機物を利用して生活する生物。動物や多くの菌類，細菌類。
  - **一次消費者**…直接植物を食べる**植物食性動物**。
  - **二次消費者**…一次消費者を捕食する動物食性動物。
  - **三次消費者**…二次消費者を捕食する動物食性動物。

  ③ **分解者**…消費者のうち，死がいや排出物の有機物をCO_2やH_2O，NH_3などの無機物に分解する生物。菌類や細菌類など。
- **食物連鎖**…生産者から始まる捕食―被食の関係のつながりを**食物連鎖**といい，生物を食物連鎖の順に分けたものを**栄養段階**という。捕食―被食の関係は実際には複雑な網目状につながり，**食物網**と呼ばれる。
- **生態ピラミッド**…生産者を一番下にして生物の量を栄養段階順に積み重ねたもの。**個体数ピラミッド**，**生物量ピラミッド**など。

基本問題

解答 → 別冊p.21

できたらチェック。

102 生物と環境のかかわりあい

□ **次の文の空欄に適する語を入れよ。**

生物の生活に影響を与える環境要因には温度，降水量，光などの要因がある。これらの①(　　)環境と生物の集団とをひとまとめにしたものを②(　　)と呼ぶ。この①環境が生物に影響を与えることを③(　　)というが，逆に生物の活動が①環境を変えることもあり，④(　　)と呼ばれる。

103 作用・環境形成作用 テスト必出

次の①〜⑤の記述は，作用，環境形成作用のどちらに関するものか。

□ ① 樹木の葉は光合成によって大気に酸素を放出している。
□ ② 秋になって，キクにつぼみができた。
□ ③ 1本の木でも陽葉と陰葉を比較すると陽葉の方が葉が厚い。
□ ④ 年間降水量が非常に少ない砂漠では樹木は生育できない。
□ ⑤ 森林の中は，外部に比べて風が弱く湿度が高い。

ガイド ②おもに昼夜の時間(日長)の変化が関係している。

104 生物どうしのかかわり テスト必出

□ **次の文の空欄に適する語を入れよ。**

生態系を構成する生物の集団のなかで，光合成で有機物を合成する植物などを①(　　)，ほかの生物が合成した有機物を取り込んで栄養とする動物や菌類などを②(　　)という。②のうち，菌類や細菌類など，生物の死がいや排出物を無機物に戻すはたらきをもつ生物を特に③(　　)と呼ぶ。

ガイド ほかの生物が合成した有機物からエネルギーを取り出すという共通性に注目して，③に当たる生物も②に含めることが多い。

105 食物連鎖

□ **次の文の空欄に適する語を入れよ。**

生態系では，捕食—被食の関係が鎖のようにつながっており，これを①(　　)という。この関係は複雑で，ある生物は複数の②(　　)に属することがあり，捕食—被食の関係は複雑な網状になっている。これを③(　　)という。

106 生態系における生物の役割 テスト必出

□　次の各生物は，生産者(P)，一次消費者(C_1)，二次消費者以上の高次消費者(C_2)，分解者(D)のどれに属するか。記号で答えよ。

①　シイタケ　　②　イナゴ　　③　ナマズ　　④　ナズナ
⑤　ミジンコ　　⑥　アオカビ

応用問題

解答 ⟹ 別冊p.22

107

できたらチェック。

差がつく　次の図はある森に生息する生物の食べる・食べられるの関係を→で単純化して示したものである。これを見て，(1)～(6)に答えよ。

□ (1)　図中の①～③に当てはまる動物を選び，記号で答えよ。

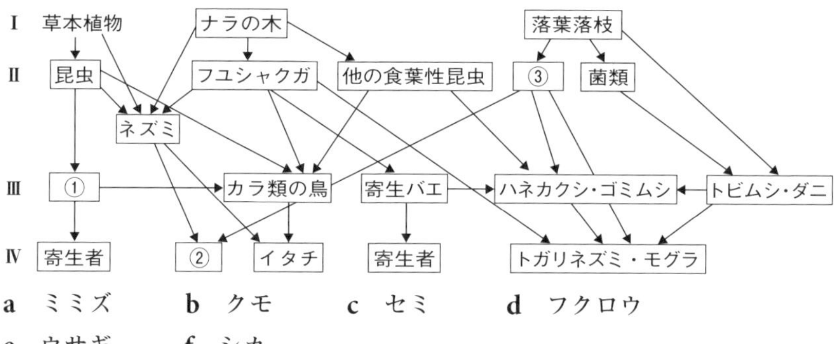

a　ミミズ　　**b**　クモ　　**c**　セミ　　**d**　フクロウ
e　ウサギ　　**f**　シカ

□ (2)　Ⅰ～Ⅳは栄養段階を示している。それぞれの名称を答えよ。

□ (3)　この図の中で分解者に当たるものはどれか。

□ (4)　この図のように自然界では，食べる・食べられるの関係が複雑で網状になっている。これを何というか。

□ (5)　Ⅰ～Ⅳの生物量を横長の棒グラフにし，順に下から上に積み重ねたものを何というか。

□ (6)　この生態系からカラ類の鳥を除去したとき，生物の集団にはどんな変化が起こると考えられるか。次から1つ選び，記号で答えよ。

ア　イタチが絶滅する。　　イ　ナラの木が食害を受ける。
ウ　草本植物が増える。　　エ　モグラが激減する。

ガイド　(6)捕食者が減るとそれより高次の捕食者も減少するが，被食者は逆に増加する。

24 多様性と生態系のバランス

テストに出る重要ポイント

- **キーストーン種**…栄養段階の上位にあって，その増減が生態系に大きく影響を及ぼす生物。
- **間接効果**…捕食者－被食者の２種の生物間で見られる関係が，それ以外の生物にも影響を与えること。
- **かく乱**…山火事や台風などの自然による災害や，人間が生活するなかでの行い（人間活動）によって生態系に変化を及ぼす事象。
- **生態系のバランス**…多様な種や非生物的環境が影響を及ぼしあい，生物の個体数や量，非生物的環境が一定の範囲に保たれる。
  ※復元力（かく乱が起こってももとの状態に戻ろうとする力）を超えるかく乱が起こると，生態系のバランスが崩れてしまい，生態系が別の状態へ移行してしまう場合がある。
- **河川の自然浄化**…河川に流入した有機物は，微生物などのはたらきで無機物（CO_2など）にまで酸化分解され，水質は改善される。このとき多量の酸素が消費される。

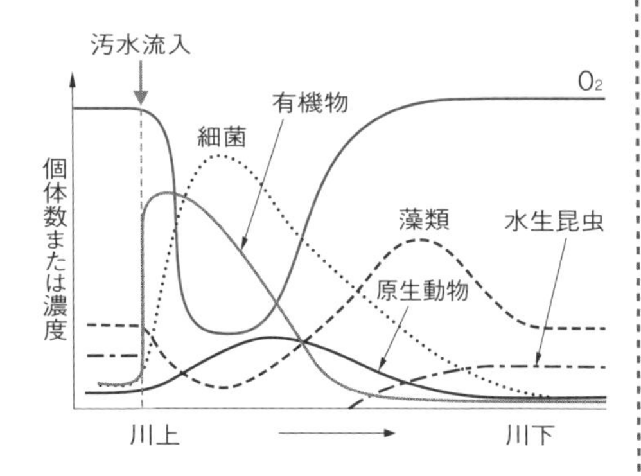

- **富栄養化**…湖沼や内海で栄養塩類が蓄積して濃度が高くなること。
- **富栄養化により発生する現象**
  ① **赤潮**…内海などにおいて，植物プランクトンが異常に増殖して，水面が赤褐色となる。植物プランクトンの遺体の分解に大量の酸素が消費されるため，水中の酸素が不足して魚などが大量死してしまう。
  ② **アオコ（水の華）**…湖沼などにおいて，植物プランクトンが異常に増殖して，水面が青緑色となる。水中まで光が届かないため，水生植物が生育できなくなってしまう。

基本問題

解答 → 別冊 p.22

108 キーストーン種 〈テスト必出〉

右図は，アメリカの西海岸における食物連鎖の一部を ➡ で示したものである。次の文章を読み，以下の問いに答えよ。

ジャイアントケルプ（大型のコンブの一種）➡ ウニ ➡ ラッコ

人間による乱獲やシャチの捕食によりラッコの数が減少すると，ウニの数が①(増加・減少)し，ジャイアントケルプの数が②(増加・減少)した。また，ジャイアントケルプの数が②したことで，この地域では魚類やアザラシなどの動物の数が③(増加・減少)した。

できたらチェック。

□ (1)　①～③の(　　)のなかから適切な語句をそれぞれ選べ。

□ (2)　キーストーン種として正しいものを，次のア～オから１つ選べ。

ア　ラッコ　　イ　ウニ　　ウ　ジャイアントケルプ

エ　魚類　　オ　アザラシなどの動物

□ (3)　ラッコとジャイアントケルプの関係のように，直接的に捕食－被食の関係がない生物の間でも影響を及ぼすことを何というか。

109 生態系とかく乱

□　生態系におけるかく乱について正しいものを，次のA～Dから２つ選べ。

A　かく乱には，自然によるものと，人間活動によるものがある。

B　小さなかく乱においても生態系のバランスは大きく崩れてしまい，種の多様性に大きな影響を及ぼしてしまう。

C　かく乱が起こっても復元力がはたらくので，生態系が大きく崩れることはない。

D　大きなかく乱が起こると，生態系がもとの状態に戻らないことがある。

110 自然浄化

清流に有機物を含む廃液が流れ込む河川で，水質と生物相を調査したところ，それぞれ図1，図２のような結果が得られた。以下の問いに答えよ。

図1

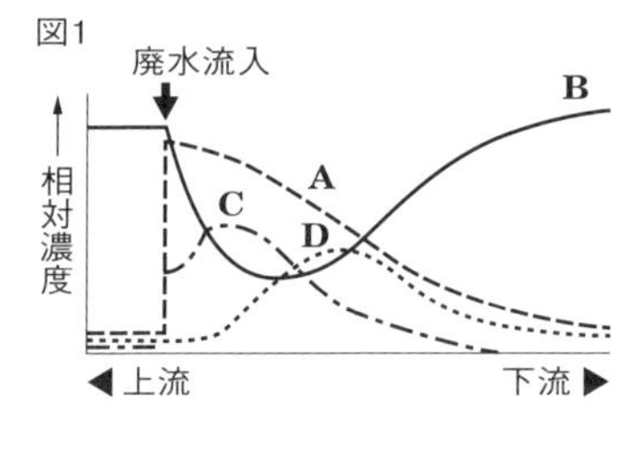

図2

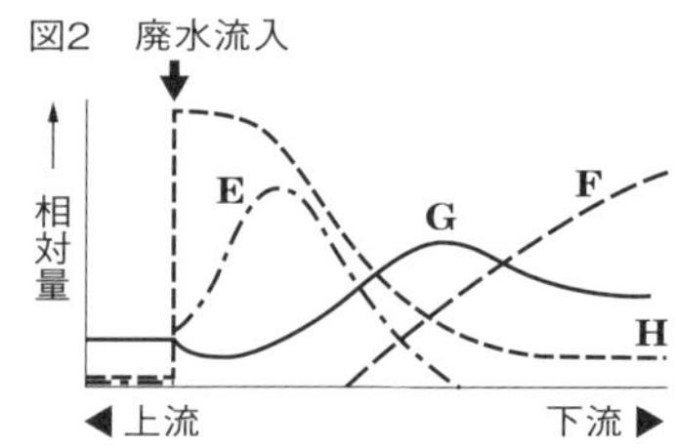

□ (1) 水質の変化を示す図1で，A～Dは次のア～エのどれか，記号で答えよ。

ア NO_3^-　イ 有機物　ウ 溶存酸素　エ NH_4^+

□ (2) 生物相の変化を示す図2で，E～Hは次のa～dのどれか，記号で答えよ。

a 細菌類　**b** 藻類　**c** ユスリカの幼虫　**d** カゲロウの幼虫

111 富栄養化 テスト必出

□ **次の文の空欄に入る適語を下のア～サより選んで，記号で答えよ。**

生活排水が多量に流入する海域では，おもに①(　　)や②(　　)などの化合物が水中に蓄積されて海水の③(　　)が促進され，④(　　)の異常発生を招きやすい。増殖した④により海の色が変色して見える現象を，⑤(　　)という。④は活発に光合成を行うが，その死がいが分解されるとき水中の⑥(　　)が大量に消費される。

ア 酸素　イ 窒素　ウ 水素　エ リン
オ 炭素　カ 富栄養化　キ 植物プランクトン
ク 貧栄養化　ケ 赤潮　コ 青潮　サ 黒潮

ガイド　水中の⑥が不足することで魚類など水中の生物が大量死するなど生態系に大きな影響を与え，死がいなどの有機物が十分に分解されず水質汚濁が進む。

できたらチェック。

応用問題

解答 → 別冊p.23

□ **112 右図は磯の固着生物を中心とした食物網の例である。この図を見て次の文の問いに答えよ。**

イボニシ，ヒザラガイ，カサガイ，ヒトデは岩場を動き回って生活しているが，それ以外は固着生物である。矢印は食べられる→食べるの方向を示し，数字はヒトデの食物全体の中で占める割合を%で示している。この生態系からヒトデを完全に除去したところ，イガイとフジツボが優占種となり，イボニシとカメノテは常に散在したが，イソギンチャクと紅藻，ヒザラガイ，カサガイがほとんど見られなくなった。その理由をそれぞれの生物について簡単に答えよ。

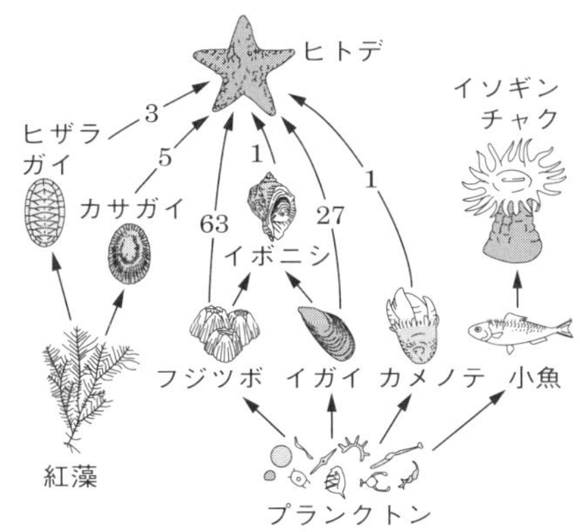

25 生態系と人間活動

テストに出る重要ポイント

- **人間活動による環境問題**
  ① **熱帯林の破壊**…**森林伐採**，**農地・放牧地拡大**が原因。土壌流出による砂漠化・種多様性の低下・炭素の固定能力減少などの問題。
  ② **地球温暖化**…CO_2，メタンなど赤外線を吸収する**温室効果ガス**による気温上昇(**温室効果**)。海水面の上昇，異常気象，感染症の拡大など。
  →地球温暖化への取り組みとして2015年にパリ協定が締結された。
  〔CO_2濃度上昇の原因〕 **化石燃料の大量消費**や**熱帯林の伐採**など。
  ③ **マイクロプラスチックによる生物濃縮**…海や湖沼などに漂っているマイクロプラスチック(微小なプラスチック粒子)が有害物質(DDTやPCB)を吸着し，食物連鎖を通じて生物体内に蓄積される。
  ④ **外来生物**…本来の生活場所とは異なる場所に人為的に移されて定着した生物。外来生物のうち，特に生態系や人間の生活に大きな影響を与えるものは，**特定外来生物**や**侵略的外来生物**に指定されている。
  例 オオクチバス，ブルーギル，フイリマングース
- **種の絶滅**…人間活動によって絶滅してしまった生物が多く存在する。
- **生物多様性の3つの階層** 発展 …**生物多様性**には**種の多様性**のほかに**生態系の多様性**・**遺伝子の多様性**の各レベルがある。
- **里山と多様性**…下草刈りや適度な伐採で林床に光が入り，多様な生物が生きる雑木林が維持される。
- **生物保護の対策**
  ① **レッドリスト・レッドデータブック**…**絶滅危惧種**(きぐ)(アマミノクロウサギやイリオモテヤマネコなど)を収録。
  ② ワシントン条約(絶滅危惧種の国際取引を規制)，ラムサール条約(湿地の保全)，外来生物法。
- **生態系サービス**…食料や資源，快適な環境など人間が生態系から受ける恩恵。←自然を保護する理由。
- **環境アセスメント**…大規模開発の際に，生態系に与える影響を事前に調べること。

- **持続可能な開発目標(SDGs)**…2015年に国連総会で採択された2030年までに達成すべき17の目標。例「気候変動に具体的な対策を」「海の豊かさを守ろう」「陸の豊かさも守ろう」

基本問題

解答 ➡ 別冊 *p.23*

113 二酸化炭素濃度の上昇と温室効果 テスト必出

次の文章を読み，以下の各問いに答えよ。

大気中の二酸化炭素(CO_2)は地表から放射される①(　　)をよく吸収し，再び放射するため地表付近の温度を高く保つはたらきをもつ。これを②(　　)といい，大気中のCO_2の増加は③(　　)の伐採と④(　　)の大量消費がおもな原因と考えられている。

できたらチェック。

□ (1) 文章中の空欄に適語を入れよ。

□ (2) 下線部の伐採がなぜCO_2の増加につながるのか。次から２つ選べ。

ア　土壌中の有機物が急激に分解されるから。

イ　土壌中の有機物が急激に合成されるから。

ウ　光合成量が増加するから。　　エ　光合成量が減少するから。

オ　呼吸量が減少するから。

□ (3) 地球温暖化によって生物界に起こると予想される現象を次から１つ選べ。

ア　植物の純生産量が上昇し，すべての作物の増収が期待される。

イ　温度上昇とともに移動することができない生物の絶滅が起こる。

ウ　移動能力のある生物は南下または低地に移動して生き延びる。

エ　地球上の生物の多様性は増大する。

114 外来生物・絶滅危惧種

外来生物・絶滅危惧種に関する次の各問いに答えよ。

□ (1) 次の①～⑩の生物のうち，現在の日本において外来生物に当てはまるものには**A**，絶滅危惧種に当てはまるものには**B**，どちらにも当てはまらないものには**C**をつけよ。

①　オオクチバス　　②　ミヤコタナゴ　　③　アマミノクロウサギ

④　ヤンバルクイナ　　⑤　カミツキガメ　　⑥　イリオモテヤマネコ

⑦　ハブ　　⑧　ブルーギル　　⑨　フイリマングース　　⑩　ヒアリ

□ (2) 絶滅危惧種を，絶滅する危険性のレベルを判定して分類したものを何というか。

115 生物濃縮

□ アメリカのロングアイランド沿岸では，アジサシ(鳥類)とその餌となるイワシの体内からDDTが検出された。それぞれの濃度は100 gあたり0.48 mgと0.02 mgであった。イワシからアジサシへの濃縮率を答えよ。

ガイド　アジサシの体内のDDT濃度はイワシに比べて何倍あるかを求める。

116 環境保護の取り組み　テスト必出

次の①～④と関連の深い用語を下のア～カから選べ。

□ ①　野生動植物の国際取引の規制を輸出国と輸入国が実施することで，その採取・捕獲を抑制し，絶滅のおそれのある野生動植物の保護をはかる。

□ ②　湿地の生態学上，動植物学上の重要性を認識し，その保全を目的とする。わが国では，湿原，海岸，干潟など50か所が登録されている。

□ ③　道路やダムなどの開発を行う前に，環境や生物への影響について調査を行う。

□ ④　すべての人々にとってよりよい持続可能な世界を実現できるよう，2030年までに達成すべき17の目標が設定されている。

ア　環境アセスメント　　イ　ラムサール条約　　ウ　ワシントン条約
エ　SDGs　　オ　外来生物法　　カ　パリ協定

ガイド　SDGsでは，貧困や飢餓の撲滅，不平等問題や地球環境問題の解決など，さまざまな分野で目標が掲げられ，その目標に対する取り組みが世界的に行われている。

応用問題

解答 → 別冊p.24

117 差がつく　次の文を読み，問いに答えよ。

外国から日本に入ってきた生物は外来生物という。小笠原諸島では，①(　　)がペットとしてもち込まれたあと野生化し，固有種である昆虫類などを捕食して生態系を大きく変えてしまった。また，毒ヘビであるハブの駆除のために沖縄などに移入された②(　　)も，日本の在来生物に大きな影響(生態的かく乱)を与えている。

②は奄美大島ではハブよりも特別天然記念物の③(　　)の，沖縄島でも天然記念物の鳥である④(　　)の個体数の減少に影響を与えている。

□ (1)　文中の空欄に適する語を，次のア～エから１つずつ選べ。

ア　フイリマングース　　イ　ヤンバルクイナ

ウ　グリーンアノール　　エ　アマミノクロウサギ

□ (2)　現在日本で絶滅が危惧されている哺乳類と鳥類を(1)の生物以外で１種ずつ答えよ。

□ (3)　図は，ある沼における魚類の漁獲量の推移を示したものである。この図から考えられることとして正しいものを，下のア～オから１つ選び，記号で答えよ。

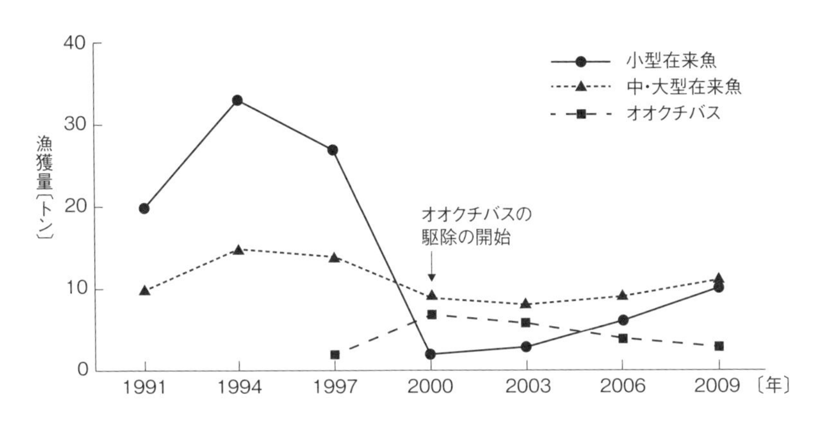

ア　在来種とオオクチバスの数の変化には関係性がない。

イ　小型在来魚の減少のおもな原因は，中・大型の在来魚によるものである。

ウ　オオクチバスにより種の多様性は高くなったといえる。

エ　オオクチバスの駆除によって在来魚の数は回復している。

オ　オオクチバスは，おもに中・大型在来魚を捕食している。

□ **118**　人間の生活活動に伴い生態系への適度なはたらきかけが生じ，多様な環境が維持されることがある。農村の集落に見られるそのような地域一帯を何というか。また，多様性が維持されるしくみを簡単に説明せよ。

□ 執筆協力　㈱オルタナプロ
□ 編集協力　㈱オルタナプロ　南昌宏　矢守那海子
□ 図版作成　㈱オルタナプロ　藤立育弘

シグマベスト
シグマ基本問題集
生物基礎

編　者　文英堂編集部
発行者　益井英郎
印刷所　中村印刷株式会社
発行所　株式会社文英堂
〒601-8121　京都市南区上鳥羽大物町28
〒162-0832　東京都新宿区岩戸町17
(代表)03-3269-4231

●落丁・乱丁はおとりかえします。

ΣBEST シグマベスト

シグマ基本問題集

生物基礎

正解答集

◎『検討』で問題の解き方が完璧にわかる

◎『テスト対策』で定期テスト対策も万全

文英堂

1 生命とは

基本問題 ………………… 本冊p.4

❶

答　① b　② a　③ f

検討　②遺伝物質としてDNA，エネルギーの仲立ちとしてATPが用いられていることは，現在知られている地球上の生物のすべてに共通する特徴。

❷

答　(1) ②　(2) ②　(3) ①　(4) ③

検討　(2)(3)現在存在が知られ公式の名前(学名)がつけられている生物約190万種のうち約7割が無脊椎動物で，その大部分を節足動物の昆虫類が占める。

❸

答　① DNA　② ATP　③ 細胞
④ 小さい

検討　②ATPは「**エネルギーの通貨**」と呼ばれ，運動，物質の合成，発光，発熱などのすべての生命活動に利用されるエネルギーは，ATPの化学エネルギーを変換したものである。ATPの化学エネルギーは高エネルギーリン酸結合に蓄えられており，この結合を切り離す ATP→ADP＋リン酸 の分解反応でエネルギーが放出され，これがさまざまな生命活動に利用される。

❹

答　① D　② G　③ E　④ A

検討　①タンパク質は約20種類のアミノ酸が鎖状につながってできた物質で，その配列によって異なる立体構造とはたらきをもつ。**DNAはこのタンパク質のアミノ酸配列を決定する情報を保持しており**，からだを構成する成分としてのタンパク質のほか，体内で起きるほぼすべての化学反応にかかわる**酵素**や免疫にはたらく**抗体**，赤血球に含まれ酸素を運搬する**ヘモグロビン**などがDNAの情報によって細胞内で合成される。

❺

答　① 細胞　② 組織　③ 器官
④ 単細胞生物　⑤ ミジンコ

検討　⑤ミジンコは肉眼でも見ることができる(体長1mmほどのものが多い)甲殻類の仲間。ゾウリムシとアメーバは単細胞生物。

2 細胞の特徴

基本問題 ………………… 本冊p.7

❻

答　(1) ア…細胞壁　イ…細胞膜
ウ…液胞　エ…ミトコンドリア　オ…核
カ…葉緑体
(2) A　理由…葉緑体や細胞壁が観察できているから
(3) ① カ　② エ　③ イ　④ オ　⑤ ウ
⑥ ア

検討　(1)エカ…**葉緑体**はふつうミトコンドリアより大きくラグビーボール形をしており，**ミトコンドリア**は少し細長い粒状をしている。
(3)③細胞膜は膜に埋め込まれているタンパク質によって分子やイオンを出し入れするほか，膜自体が変形して外部から物質を取り込んだり，細胞内で合成した物質を含む小胞と融合して分泌物質を外部に放出したりする。

❼

答　① C　② B　③ C　④ C
⑤ A　⑥ B　⑦ A

検討　①②遺伝物質としてDNAをもつのはすべての生物に共通する特徴だが，**真核細胞はDNAが核膜で包まれた核をもつ**のに対し，原核細胞はDNAが細胞質基質中に存在。
③④細胞膜やATPの合成はすべての生物に

共通。
⑦核と同様に，ミトコンドリアや葉緑体といった細胞小器官も真核生物にのみ見られる。多くの原核生物は葉緑体より小さい。

8

答　(1) ①，③，④，⑨　(2) ア，オ

検討　(1)大腸菌やシアノバクテリアなどの**細菌類**が**原核生物**に該当する。イシクラゲなどのネンジュモやユレモはシアノバクテリアのなかまである。酵母菌はアオカビと同じ子(し)のう菌類のなかまで，**真核生物**。「菌」という字にまどわされないこと。
(2)原核生物には**核膜で包まれた核がなく**，遺伝物質は細胞質基質中に散在している。また，**葉緑体，ミトコンドリアなどの細胞小器官もない**。

9

答　a…②　b…②　c…②　d…②

検討　a…細胞はさまざまな大きさのものがあるが，ウイルスは細胞と異なり遺伝物質(DNAかRNA)とそれを包むタンパク質の殻からなる簡単な構造で小さく，インフルエンザウイルスやHIVなどよく知られているウイルスは100 nm(0.1 μm)程度のものが多い。
b…大腸菌や乳酸菌など細菌類は核やミトコンドリアなどの細胞小器官をもたず，数μmのものが多い(ミトコンドリアも数μmの大きさである)。
c…ヒトの赤血球は直径約7～8 μmなので最も近いのは②。
d…ヒトの卵や口腔上皮細胞(口の粘膜の細胞)の大きさは約100 μm(0.1 mm)で，肉眼で見える程度の大きさである。

応用問題

本冊p.8

10

答　(1) A…大腸菌　B…ホウレンソウの葉　C…マウスの肝臓
a…核　b…ミトコンドリア　c…葉緑体
(2) d…中心体　e…ゴルジ体
(3) 原核生物

検討　(1)二重膜で包まれているのは，**核，ミトコンドリア，葉緑体**である。そのうち，核は核膜に穴がたくさんあいているので，aと決まる。また，ミトコンドリアは動物細胞にも植物細胞にもあるが，葉緑体は植物細胞にしかないので，bがミトコンドリア，cが葉緑体と決まる。Aは核がないから，原核生物の大腸菌である。Bは葉緑体をもっているから植物細胞で，ホウレンソウの葉。Cは中心体をもっているから動物細胞で，マウスの肝臓である。
(2)dとeは，**中心体が動物細胞にしかない**ことから，dが中心体と決まる。

11

答　(1) ②　(2) ③
(3) ① 沈殿C　② 沈殿A　③ 沈殿A
④ 沈殿B

検討　(1)細胞分画法で細胞小器官を取り出すときは，細胞内の溶液と**等張液**(濃度が等しい溶液)またはやや**高張液**(濃度が高い溶液)で処理を行う。これは生体膜を通して濃度の低い側から高い側へ水が移動するため，真水などの**低張液**(濃度が低い溶液)**中では細胞小器官が吸水して破裂してしまう**ので，それを防ぐための処理である。
(2)作業を低温で行うのは，試料に含まれる各種酵素の活性を抑えておく必要があるからである。

3 細胞の観察

基本問題

本冊p.10

12

答　(1) 接眼レンズ　(2) B　(3) やや絞(しぼ)る

(4) 低倍率のレンズ　(5) 核
(6) 接眼ミクロメーター，対物ミクロメーター
(7) 接眼レンズをまわしたり，プレパラートを動かしたりして，どちらを動かしたときにごみが動いたかで判断する。

検討 (1)対物レンズを先につけると，鏡筒を通して対物レンズにほこりが入るおそれがある。
(2)対物レンズとプレパラートの衝突を防ぐために，このようにする。
(6)試料を測定する際は，接眼ミクロメーターだけを使うが，接眼ミクロメーターの1目盛りの大きさを測定するのには，対物ミクロメーターが必要である。

テスト対策

細胞の観察には顕微鏡の操作が必要なので，操作手順についてはよく覚えておくこと。基本操作のポイントは次の3点である。
①レンズの装着順序は，**接眼レンズ→対物レンズ**の順。
②観察は，**最初は低倍率→次に高倍率**。
③ピント合わせは，**プレパラートから対物レンズを離しながら**行う。

応用問題　本冊*p.11*

⑬

答 (1) 接眼ミクロメーター1目盛り…3.0 μm，細胞の大きさ…66 μm　(2) 8.8 μm/s

検討 (1)図1では，接眼ミクロメーター20目盛りが対物ミクロメーター6目盛りに相当している。対物ミクロメーター1目盛りは $\frac{1}{100}$ mm＝10μmなので，接眼ミクロメーター1目盛りは，6×10μm÷20＝3μm。
図2より，細胞の大きさは接眼ミクロメーター22目盛り分なので，3μm×22＝66μm。
(2)3×10÷3.4≒8.8μm/s

4 代謝とATP

基本問題　本冊*p.12*

⑭

答 ① ウ　② オ　③ カ　④ イ

検討 **呼吸**は複雑な物質を単純な物質に分解して化学エネルギーを取り出す**異化**のひとつ。

⑮

答 ① 酵素　② エネルギー　③ 化学　④ 化学　⑤ 呼吸

検討 生物は酵素をつくり利用することで細胞の内外でさまざまな化学反応を必要に応じて常温で進めることができる。

⑯

答 ⑤，⑥

検討 ①食べ物に含まれている有機物を単純な物質に分解して，その過程で取り出されるエネルギーでATPを合成する。**すべての生物は生命活動に利用するATPを自らの細胞中で合成する。**
②**高エネルギーリン酸結合はリン酸どうしの間の結合。**

応用問題　本冊*p.13*

⑰

答 ① ADP　② 呼吸　③ リン酸
問いの解答…減少する

検討 タンパク質合成などの生命活動にはエネルギーが必要である。生体内のエネルギー物質であるATPは呼吸によって生成される。光合成でも光エネルギーによってATPが合成され，このATPのエネルギーはデンプンなどの有機物の合成に用いられる。
　タンパク合成が阻害されるとタンパク質合成に必要な酵素などを合成するためのエネルギーを生成する必要がなくなる。よって，呼吸量は減少すると考えられる。

5 光合成と呼吸

基本問題 本冊*p.15*

18

答　① 光　② 化学　③ 葉緑体
④ 二酸化炭素　⑤ 有機物(デンプンなど)
⑥ 同化

検討　植物の行う光合成は光エネルギーを使ってATPを合成し，そのエネルギーで同化を行う反応といえる。
⑥同化のうち，二酸化炭素をもとに複雑な有機物を合成する過程を**炭酸同化**という。同化にはほかにアミノ酸やタンパク質などの窒素化合物を合成する**窒素同化**などがある。

19

答　**C，E**

検討　**DEF**…呼吸の反応式は次のようになる。
$(C_6H_{12}O_6) + 6O_2 \longrightarrow 6H_2O + 6CO_2 + (ATP)$
呼吸に使われる有機物はグルコース$C_6H_{12}O_6$が多数結合した構造をしており，$(C_6H_{12}O_6)$で表される。
G…光が十分にある条件では光合成速度は上昇するが呼吸速度は変化しない。

テスト対策

▶光合成と呼吸

光合成	呼吸
植物細胞 葉緑体	すべての細胞 ミトコンドリア (および細胞質基質)
光エネルギー ↓ CO_2, H_2O → 有機物	有機物 → CO_2, H_2O ↓ ADP → **ATP**

20

答　① ○　② ×　③ 光　④ ×
⑤ ○　⑥ ○

検討　①光合成でもいったん呼吸と同様にATPが合成され，さらに有機物の化学エネルギーに変換される。
⑤呼吸はすべての生物が行い，光合成も真核生物である植物のほか，原核生物のシアノバクテリアが行う。

21

答　① ア　② カ　③ ウ

検討　②従属栄養生物は，独立栄養生物のように自身で有機物をつくることができないため，ほかの生物がつくった有機物を取り込んで分解することでエネルギー貯蔵物質(ATP)をつくる。

応用問題 本冊*p.16*

22

答　(1) ① 光　② **ATP**　③ **ADP**　④ 化学
⑤ 有機物　⑥ 化学　⑦ **ADP**
⑧ **ATP**　⑨ 酸素
(2) 反応系Ⅰ…葉緑体　反応系Ⅱ…ミトコンドリア　(3) 呼吸　(4) 筋収縮，能動輸送，物質の合成，発光などのなかから２つ
(5) 移動する物質…スクロース　通路となる部位…師管

検討　②③⑦⑧　**ATP** ⇄ **ADP＋リン酸**の反応は必ず覚えておくこと。
(5)光合成産物が葉から植物体のほかの部位に移動する現象を**転流**といい，葉緑体の中に同化デンプンとして蓄えられた有機物はスクロース(ショ糖)に分解され，師管を通って葉からほかの部位に移動する。根や茎などに移動したスクロースは再びデンプンに合成され(貯蔵デンプン)，蓄えられる。

答　A…好気性細菌　B…ミトコンドリア
C…シアノバクテリア　D…葉緑体
E…細胞内共生［共生］　F…DNA
G…分裂

検討　AB…強い酸化力をもつ酸素を利用した呼吸が可能になったことで，それまでの酸素を利用しない異化(発酵)と比べてはるかに大きなエネルギーを取り出すことができるようになった。
FG…ミトコンドリアや葉緑体は，起源とされる好気性細菌やシアノバクテリアと比べ，真核細胞の中で共生することによって不要となった多くのDNAが失われている。

24

答　(1) b 植物　c 動物
(2) 葉緑体…A　ミトコンドリア…B
(3) A…シアノバクテリア　B…好気性細菌
(4) ミトコンドリアは動物，植物双方に共通して存在するが，葉緑体は植物のみに存在するから。

検討　問題の図は生物の進化の過程と類縁関係を簡単に示した系統樹である。この図からaは30億年以上前に分かれたグループで原核生物であることがわかる。真核生物に見られるミトコンドリアや葉緑体は原核生物の細胞内共生によって生じたと考えられており，はじめに好気性細菌が共生してすべての真核生物に共通するミトコンドリアが誕生し，その真核生物のうち後にシアノバクテリアが共生したものが植物に分化したと考えられている。

6　代謝と酵素

基本問題 本冊p.19

25

答　① c　② h　③ b　④ d
⑤ a

検討　酵素は生物によってつくられ生体内ではたらくことから**生体触媒**と呼ばれる。

答　③，④，⑦

検討　①②③酵素は反応を促進するが，その反応の前後で変化しないのでくり返し作用する。
④細胞外ではたらく酵素には，消化液に含まれる消化酵素など，細胞内ではたらく酵素には呼吸にはたらく酵素，光合成にはたらく酵素などがある。
⑥酵素は反応に必要なエネルギーの値を小さくする(活性化エネルギーを下げる)ことで体温程度の温度でもさまざまな反応を起こすことができる。

テスト対策
▶**酵素の特徴**
・**化学反応を促進する**が，反応の前後で変化しない(**触媒**)➡くり返しはたらき続ける。
・**タンパク質**でできている➡**熱に弱い**。
・**細胞内や細胞外ではたらく**。

答　① ウ　② エ　③ イ　④ ア

応用問題

本冊p.20

28

答　(1) 酸素

(2) 過酸化水素は酵素液を含まない水を加えられても分解しないことを確かめるための対照実験。

(3) ②，④

(4) 発生する。反応が終了した実験1の試験管には，基質は存在しないが酵素は存在している。一方，気体の発生しなかった実験3の試験管では，酵素は熱ではたらきを失ったが，基質である過酸化水素は残っているので，両者を混ぜると反応が進行し，気体が発生する。

(5) ア

検討　(1)カタラーゼが進める反応は，

$2H_2O_2 \longrightarrow 2H_2O + O_2 \uparrow$

(3)(4)酵素は熱によって分子の立体構造が変化し(**変性**という)，はたらきを失う(**失活**という)と温度が下がってももとに戻らない。

(5)カタラーゼは体内の呼吸などで生じた過酸化水素を分解するため血液中などに多く含まれ，だ液などの消化液中にはあまり含まれない。

29

答　(1) ③　　(2) ②

検討　一連の反応とあるのでX→(中間生成物)→……→Yと反応が進むと考える。Yを加えると，反応の進行速度が減少することがグラフより読み取れるが，これはYによる反応の阻害作用と考えられる。

7 DNAの構造

基本問題

本冊p.22

30

答

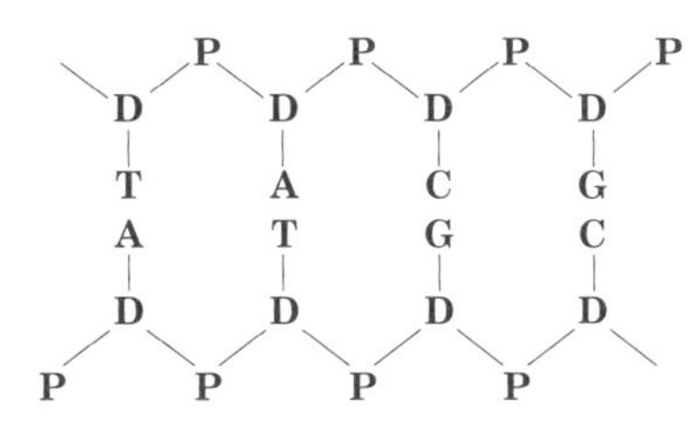

検討　DNAは**塩基・糖(デオキシリボース)・リン酸**からなる**ヌクレオチド**が多数鎖状に結合した高分子である。

DNAの鎖はP－D－P－D－で，これに設問のATGCの塩基を順につなげる。DNAは2本鎖なので，各塩基に相補的な塩基(A⇔T，G⇔C)をつけて反対側にもう1本の－P－D－P－Dの鎖を描く。

31

答　① ヌクレオチド

② デオキシリボース　　③ チミン

④ シトシン　　⑤ 二重らせん構造

検討　③④Aアデニンと Tチミン，Cシトシンと Gグアニンのように決まった相手とのみ結合する関係を**相補的**な関係といい，このような結合を相補的な結合という。

答　(1) 30%　(2) 20%　(3) 20%

検討　DNA分子の中でチミンはアデニンと相補的に結合しているからアデニンと同じ数だけ含まれていることになり，30%。グアニンとシトシンは，残り40%のそれぞれ半分ということになる。

応用問題 本冊p.23

答　オ

検討　アはグリフィス，イはエイブリー，ウはシャルガフ，エはハーシーとチェイスによる研究である。

34

答　① ケ　② イ　③ ク　④ ス　⑤ カ　⑥ オ

検討　細胞を構成する物質で最も多いのは，①水で，次に②タンパク質が多い。タンパク質はアミノ酸という有機物が多数鎖状に結合してできており，タンパク質を構成するアミノ酸は20種類ある。

次に多いのは動物細胞では生体膜を構成したりエネルギーの貯蔵物質となる脂質で，植物では炭水化物，細胞が非常に小さい細菌類では核酸の割合が大きくなる。

8 DNAの複製と遺伝子の分配

基本問題 本冊p.25

35

答　B，D

検討　ABC…DNAの複製は**半保存的複製**であり，複製の結果生じた2本のうちの1本が複製時に鋳型となったヌクレオチド鎖である。
E…DNAが複製されても，塩基の相補性は失われることはない。

答　① 細胞分裂　② 細胞周期　③ 娘　④ 塩基　⑤ 間　⑥ 複製　⑦ 分裂　⑧ 受精卵

37

答　ア

検討　体細胞分裂は何度くり返しても，細胞周期の同じ時期で比べると，もとの染色体構成と同じ状態に戻る。

応用問題 本冊p.26

38

答　(1) 1回目…B　2回目…D
(2) 軽いDNA：中間の重さのDNA：重いDNA＝3：1：0
(3) 軽いDNA：中間の重さのDNA：重いDNA＝$2^{n-1}-1$：1：0

検討　(1) ^{15}Nで置き換えられた大腸菌は^{14}Nの培地で1回目の分裂が行われると，半保存的複製により一方の鎖が^{15}N，他方の鎖が^{14}Nの中間の重さのDNA(以下$^{14}N^{15}N$とする)のみができる。2回目の分裂が行われると，2本鎖DNAの$^{14}N^{15}N$がほどけて，軽いDNA(以下$^{14}N^{14}N$とする)と$^{14}N^{15}N$が1：1の比率でできる。

(2) 1回目の分裂前の2本鎖DNAの数を1とすると，1回目の分裂後では，(1)より $^{14}N^{15}N$ が2本できる。2回目の分裂後では，$^{14}N^{15}N$ が2本，$^{14}N^{14}N$ が2本の計4本ができる。3回目の分裂後では，2本の $^{14}N^{15}N$ から2回目の分裂後と同様に $^{14}N^{15}N$ が2本，$^{14}N^{14}N$ が2本の計4本ができ，2本の $^{14}N^{14}N$ からは4本の $^{14}N^{14}N$ ができる。したがって，$^{14}N^{15}N$ が2本，$^{14}N^{14}N$ が6本となるので，$^{14}N^{14}N$ と $^{14}N^{15}N$ の比率は1：3となる。なお，重いDNA(以下 $^{15}N^{15}N$ とする)は存在しないため比率は0。

(3) 1回目の分裂後では計2本，2回目の分裂後では計4本，3回目の分裂後では計8本のDNAができるので，n 回目の分裂後では計 2^n 本のDNAができる。また，分裂後の $^{14}N^{15}N$ の数は常に2本となるので，n 回目の分裂後における $^{14}N^{14}N$ の数は 2^n-2 本となる。したがって，n 回目の分裂後の比率は，

$$^{14}N^{14}N : {}^{14}N^{15}N : {}^{15}N^{15}N = 2^n-2 : 2 : 0$$
$$= 2^{n-1}-1 : 1 : 0$$

39

答　(1) A　(2) C

検討　(1)受精卵から始まる初期の細胞分裂(卵割)は体細胞分裂なので細胞1個当たりのDNA量は倍加と半減をくり返す。

40

答　G_1 期…10時間　S期…7時間　G_2 期…3時間　M期…5時間

検討　細胞数は全部で1000個であるから，

G_1 期…$\frac{400}{1000}\times 25$ 時間 $=10$ 時間

ほかも同様に計算する。

41

答　(1) 移植した腸細胞の核の遺伝情報だけにするため。　(2) ウ

検討　(1)未受精卵の核を残すと，正常に発生したとしてもそれが移植核のはたらきによるものであると特定することができない。

9　遺伝情報の発現

基本問題

本冊 p.29

42

答　A，B，C，E

検討　D…酵素は，生体内での化学反応を抑制ではなく促進させる。

F…抗体は，病原体を活性化ではなく抑制させる。

43

答　① ○　② ×　③ D　④ R　⑤ R　⑥ ×　⑦ D

検討　②DNAとRNAのヌクレオチドを構成するのは，アミノ酸ではなくリン酸である。

③RNAの分子構造は，1本鎖である。

④DNAの塩基は，アデニン，グアニン，シトシン，チミンの4種類である。

⑤DNAの糖の種類は，デオキシリボースである。

⑥アデニンと結合する塩基は，DNAではチミン，RNAではウラシルである。

⑦RNAは，核小体，リボソーム，細胞質に存在する。

44

答　(1) A…DNA　B…RNA　C…タンパク質

(2) ① イ　② エ　③ ア

(3) 塩基配列

(4) アミノ酸の配列

45

答　(1) ア→エ→ウ→イ　(2) ア　(3) ア
(4) イ・ウ

46

答　AUGGCCCUGUGGAUGCGC

検討　鋳型鎖の塩基をそれぞれA→U，T→A，C→G，G→Cと置き換えたものがmRNAの塩基配列になるが，本問ではDNAのもう一方の鎖の配列のTをUに置き換えてもよい。

47

答　(1) ① 4　② アミノ酸　③ 20
④ 160000　(2) AUG，GCC，CUG，UGG，AUG，CGC　(3) 6
(4) TACCGGGACACCTACGCG

検討　(1)④ $20^4 = 160000$
(4)mRNAの塩基をそれぞれA→T，C→G，G→C，U→Aと置き換える。

応用問題 本冊p.31

48

答　(1) GC｜UGU｜ACC｜AGC｜AUC｜UGC｜UCC｜CUC｜UAC｜CAG｜CUG｜GAG｜AAC｜UAC｜UGC｜AAC｜UAG
(2) 348番　(3) 7　(4) 2

検討　(1)開始コドンが18から始まることから，各コドンは3の倍数の番号が1文字目になるとわかる。ここでは通し番号303番が最初のコドンの1文字目になるので，302番と303番の間に最初の区切りを入れ，以降3文字おきに線を入れる。
(3)UAC，UGCが各2か所，UGU，CAG，GAGが各1か所。
(4)303番からのUGUと342番からのUGCはいずれも3番目の塩基が欠けるとUGAになる。

49

答　(1) AUCAUGCUCC UUCUGCCAUG GCCCUGUCCA　(2) 04番
(3) メチオニン・ロイシン・ロイシン・ロイシン・プロリン・トリプトファン・プロリン・システイン・プロリン
(4) 18番がAになると，鋳型鎖の塩基配列はGGTからGGAになるが，指定するアミノ酸はコドン表よりプロリン(CCA)からプロリン(CCU)となり，翻訳の結果は変わらない。これに対し19番がTに置換するとトリプトファン(UGG)からアルギニン(AGG)に翻訳結果が変わってしまう。

検討　(2)まず遺伝暗号表より開始コドンはAUGとわかる。これをコードするDNAの配列はTACであるから，これが最初に現れるところを探し，先頭のTが何番にあたるかを答える。
(4)塩基の置換が起きたとしても，指定するアミノ酸が変わらなければ合成されるタンパク質に影響はない。

10　ゲノムと遺伝情報

基本問題 本冊p.34

50

答　① ゲノム　② 細胞分裂　③ 精子
④ 卵　⑤ 核　⑥ DNA
⑦ ヒストン　⑧ 環

検討　真核細胞のDNAは核の中でタンパク質(ヒストン)に巻きついてきわめて細い繊維状の染色体を構成する(細胞分裂時にはさらに折りたたまれて光学顕微鏡で観察できるほど太いひも状・棒状の染色体になる)が，原核生物のDNAは環状で，そのまま細胞質基質内に存在している。

51

答　(1) ①と②，③と④　(2) アとイ(2分子)　(3) A，D，E，F，G

検討　(1)相同染色体は同じ大きさと形をした染色体どうしのことで，体細胞では通常2本1組となる。

(2)体細胞分裂中期に観察される染色体は複製されてできた全く同じ2分子のDNAがくっついた状態で，この後2つの細胞(娘細胞)に分配される。

(3)相同染色体の一方が父方，もう一方が母方由来のものであるから，父由来としてありうる組み合わせは①③，①④，②③，②④の4通り(母由来は①～④から父由来のものを除いた2つ)。これに当てはまるB，C以外が答えになる。

52

答　(1) パフ　(2) イ

検討　(1)(2)ユスリカやキイロショウジョウバエの幼虫のだ腺細胞で見られるだ腺染色体には，折りたたまれて凝縮されているDNAの一部がほどけて広がった部分がある。この部分はパフと呼ばれ，DNAが活発に転写されてRNAが盛んに合成されている。

応用問題 ･････････････････････ 本冊*p.35*

53

答　(1) ① 6　② 3　③ 3　④ 8　⑤ 64

(2) ④ 8×10^6　⑤ 6×10^{13}

(3) 4000　(4) 870

検討　(1)①②③受精卵の染色体数は体細胞と同じなのでここでは6本，精子と卵は体細胞の半分であるから3本。

④3組の相同染色体について，それぞれ2本のうち一方がその生殖細胞(卵や精子)に受け継がれるので，$2^3=8$通り。

⑤④より　$8^2=64$通り。

(2)④ $2^{\frac{46}{2}}=2^{23}=8{,}388{,}608$ より約8×10^6通り

⑤ $(8\times10^6)^2\rightarrow6.4\times10^{13}$通り

(3)相同染色体にはそれぞれ同じ遺伝子が入っているので　$\frac{12000}{3}=4000$

(4) $\frac{20000}{23}=869.5\cdots$ より約870

テスト対策

$\mathbf{2^{10}=1024\fallingdotseq10^3}$であるから，

$2^{23}\fallingdotseq(10^3)^2\times2^3\quad\rightarrow8\times10^6$

$2^{46}=(2^{23})^2\quad\rightarrow64\times10^{12}$

54

答　(1) ユスリカの幼虫のだ腺にある染色体は普通の染色体と比較して巨大であり，発生段階によるパフの位置の変化がわかりやすいため。

(2) RNA　(3) ア，オ

検討　(2)パフでは凝縮されたDNAの一部がほどけて広がっており，転写によってRNAが盛んに合成されている。

(3)アイウ…ピロニンはRNAを赤色に，メチルグリーンはDNAを青緑色に染色する。パフが赤色に染色されたことから，パフにはRNAが含まれていることがわかる。よって，パフではDNA→RNAの過程である転写が行われていることがわかる。

エオ…蛹化開始から蛹化完了までの発生段階においてパフの位置と大きさが変化していることから，発現する遺伝子の種類と量が変化しているといえる。

11 体内環境と恒常性

基本問題 本冊 *p.36*

55

答　①サ　②キ　③ウ　④エ
⑤コ　⑥カ

検討　**カ**…内分泌系はホルモンを分泌して体内の器官のはたらきを調節する器官(分泌腺)の集まり。
ク…循環系は体液を循環させる血管や心臓などの器官で，血管系とリンパ系がある。

56

答　(1) **A**…血液　**B**…組織液　**C**…リンパ液
(2) イ

検討　(2) **組織液**は血液の液体成分(血しょう)が毛細血管からしみ出したもの。大部分は毛細血管に戻り静脈血となるが，一部はリンパ管に入り，**リンパ液**となる。リンパ管は集合して，最終的にリンパ液は鎖骨下静脈で血液に合流する。

57

答　(1) ①赤血球　②白血球　③血しょう
④酸素　⑤血液凝固
(2) **A**…ウ　**B**…イ　**C**…ア
(3) **a**…ウ　**b**…ア　**c**…イ

検討　(1)血液は，有形成分である**赤血球**，**白血球**，**血小板**と，液体成分である**血しょう**から成る。①は有形成分であり，はたらきが運搬であることから赤血球とわかる。また，有形成分はおもに**骨髄でつくられ**，**ひ臓で破壊される**。
(2)赤血球と血小板は無核であるが，白血球は有核で，大きさは6～15μmくらいと比較的大きい。また，白血球はアメーバ運動をして異物を捕食する。

12 ヒトの神経系と自律神経系

基本問題 本冊 *p.39*

58

答　(1) ①イ　②エ　③ア　④オ　⑤ウ
(2) イ，エ，オ

59

答　A，F

検討　**A**…植物状態では，心臓の拍動や呼吸など，生きるために必要な活動は行うことができる。
F…脳死では，薬剤や人工呼吸器を使用しないと心停止してしまう。

60

答　①中枢　②末梢(まっしょう)　③無意識
④交感　⑤副交感　⑥脊髄
⑦⑧中脳，延髄(⑦と⑧は順不同)
⑨拮抗(きっこう)　⑩間脳

検討　**交感神経**と**副交感神経**は，ふつう同一器官に分布しており，互いにほぼ正反対のはたらきをすることで各器官のはたらきに過不足がないように調節している。これを**拮抗作用**という。また，延髄から出ている副交感神経の一部は，心臓，気管支，胃，肝臓，すい臓，腎臓，小腸などに広く分布し，**迷走神経**と呼ばれる。

61

答　①促進　②収縮　③収縮
④促進　⑤副交感神経　⑥抑制
⑦ノルアドレナリン　⑧アセチルコリン

テスト対策

交感神経と副交感神経では，それぞれの末端から出される**伝達物質**と，それぞれのはたらきについて整理しておくこと。
{ **交感神経**(ノルアドレナリン分泌)…**闘争的**
{ **副交感神経**(アセチルコリン分泌)…**休息的**

応用問題 ･･････････････････ 本冊p.41

62

答 (1) ② (2) ③ (3) ② (4) ② (5) ⑤

検討 迷走神経は**副交感神経**だから，これを刺激して興奮させると，**アセチルコリン**を分泌して，心臓の拍動を抑制する。

(1)心臓Aの迷走神経を刺激すると，心臓Aの拍動が遅くなるとともにアセチルコリンを分泌し，これがリンガー液に溶けて心臓Bに運ばれるため，心臓Bの拍動も遅くなる。

(2)心臓Bの迷走神経を刺激すると，心臓Bの拍動は遅くなるが，心臓Bに分泌されたアセチルコリンは心臓Aには運ばれないので，心臓Aの拍動は変わらない。

(3)(1)と(2)の実験を行ったあとの貯液槽のリンガー液には，アセチルコリンが含まれているので，心臓の拍動を遅くする。

13 ホルモンとそのはたらき

基本問題 ･･････････････････ 本冊p.42

63

答 (1) ① ホルモン ② 内分泌腺
③ 血液［血流］
(2) 標的器官 (3) 外分泌腺
(4) 下表

ホルモン名	②	はたらき
バソプレシン	（イ）	（c）
チロキシン	（ウ）	（a）
鉱質コルチコイド	（カ）	（f）
グルカゴン	（キ）	（e）
甲状腺刺激ホルモン	（ア）	（b）

検討 (1)②，(3)**内分泌腺**は血中にホルモンを放出し，分泌されたホルモンは体内だけに送られる。**外分泌腺**は排出管をもち，体表や外界とつながる消化管内に物質を分泌する汗腺や消化腺など。

テスト対策
内分泌腺と，そこから分泌される**ホルモンの名称とはたらき**については，しっかりと整理しておくこと。

答 ① 視床下部 ② 前葉
③ 甲状腺刺激
④ (負の)フィードバック(調節) ⑤ 減少

検討
④生産物(ここではチロキシン)が多すぎると生産を抑制するように，生産物が少ないと生産を促進するように，生産物が最初に戻ってはたらきかけるしくみを**フィードバック**という。
⑤チロキシンが多くなりすぎるので，チロキシンの量を減らすようにはたらき，甲状腺刺激ホルモンの分泌は減少する。

65

答 ① 神経分泌細胞 ② 前葉 ③ 後葉
内分泌腺…甲状腺，副腎皮質，精巣，卵巣**から2つ**

検討 脳下垂体後葉から放出されるホルモンは，脳下垂体後葉でつくられるのではなく，**視床下部の神経分泌細胞**でつくられ，運ばれてきたものである。

応用問題 ･･････････････････ 本冊p.43

答 ① 脳下垂体後葉 ② バソプレシン
③ 集合管 ④ 水
⑤ 鉱質コルチコイド

検討 体液の浸透圧調節は，腎臓での水と無機塩類の再吸収によっておもに調節されており，脳下垂体後葉から放出される**バソプレシン**と副腎皮質から分泌される**鉱質コルチコイド**が関係している。

14 ホルモンと自律神経による調節

基本問題 ・・・・・・・・・・・・・・・・・・・ 本冊p.44

67

答　(1) ①　(2) ②　(3) ②　(4) ②

検討　(1)**血糖値**というのは血液中のグルコースの濃度のことで，常に一定の値(**約0.1%**)を保つように調節されている。
(3)**すい臓のランゲルハンス島のB細胞**から分泌される**インスリン**は，肝臓での，血糖(グルコース)からグリコーゲンの合成を促進するので，**血糖値が低下するのにはたらく**。

テスト対策

血糖値の調節については，高血糖時，低血糖時に分けて整理しておくこと。**調節の中枢**とはたらくホルモンに特に注意せよ。

高血糖時⇨インスリン
低血糖時⇨グルカゴン，アドレナリン，チロキシン，糖質コルチコイド，成長ホルモンなど

68

答　① 恒温　② 間脳　③ 交感　④ 収縮　⑤ 脳下垂体前葉　⑥ 甲状腺

検討　寒いときは，チロキシンやアドレナリンによって筋肉や肝臓での代謝が盛んになり熱が発生する。また，交感神経のはたらきで毛細血管や立毛筋が収縮し，放熱量を抑える。

応用問題 ・・・・・・・・・・・・・・・・・・・ 本冊p.45

69

答　① シ　② サ　③ ス　④ ソ　⑤ コ　⑥ ケ　⑦ ウ　⑧ イ　⑨ オ　⑩ ア　⑪ カ　⑫ ク

検討　わかりやすい所から考えていくとよい。
④はすい臓のランゲルハンス島で，そこから出されるのは，インスリンとグルカゴン。**インスリンは血糖値を下げるようにはたらく**ので⑧，**グルカゴンは血糖値を上げるようにはたらく**ので⑨。血糖は肝臓で**グリコーゲン**として蓄えられるので，⑪はグリコーゲン。
副腎には髄質と皮質があるが，⑥は**糖質コルチコイドを分泌するので皮質**。⑤が髄質。副腎髄質から分泌される⑩は**アドレナリン**。また，糖質コルチコイドは，**タンパク質からグルコースをつくり**，血糖値を増加させるようにはたらくので，⑫はタンパク質。
副腎皮質からのホルモン分泌は，**脳下垂体前葉**からの**副腎皮質刺激ホルモン**によって調節されるので，③は脳下垂体前葉で，⑦は副腎皮質刺激ホルモン。
①と②は交感神経と副交感神経のどちらかだが，②は**副腎髄質**(⑤)に作用していることから**交感神経**とわかる。①が副交感神経。

15 体液の循環

基本問題 ・・・・・・・・・・・・・・・・・・・ 本冊p.46

70

答　① カ　② ア　③ イ　④ オ　⑤ エ

検討　⑤全身の細胞は同じ形をもつものどうしが集まって**組織**をつくり，異なる組織どうしが集まって特定の役割をもつ**器官**をつくり，さらにこれらが集まって個体を形成している。組織の細胞は**組織液**に浸されて生きている。

71

答　(1) 腹側　(2) ① ア　② エ
(3) ① b，d　② c，d

検討　(1)(2) ヒトの心臓を構成する4つの区画のうち全身に血液を送る左心室が最も壁が厚い。左心房と左心室はその心臓をもつ本人の左側にあるので，それが向かって右にあると

いうことは正面(腹側)から見た図ということになる。4つの区画のうち上の2つが**心房**, 下の2つが**心室**。
(3)②**動脈血**は肺から心臓へ戻ってきた酸素の豊富な血液で, **左心房に入る肺静脈と左心室から出る大動脈を流れる。**

テスト対策
心臓のつくりと循環系での血液の流れはセットにして覚えておく。また, 心房と心室の左右は(正面からの)見た目と逆になるので注意せよ。

72

答 (1) A…ア　B…イ　C…ウ
(2) ① ア　② エ　③ キ　④ イ　⑤ オ
⑥ コ　⑦ ウ　⑧ シ

73

答 (1) ア…右心房　イ…右心室
ウ…大静脈　エ…大動脈
(2) 細胞…赤血球　成分…ヘモグロビン
(3) ① g　② c　③ d

検討 (2)**ヘモグロビン**はタンパク質の一種で肺などの酸素濃度の高いところでは酸素と結合し, 全身の組織など酸素濃度の低いところでは酸素を離す性質をもつ。
(3)①肺から戻ってきた血液が最も多くの酸素を含む。②食後は小腸からの肝門脈が吸収された糖やアミノ酸などの栄養分を多く含む。③血中の老廃物はおもに腎臓でろ過され除去される。

74

答 (1) ① 血しょう　② 赤血球
③ 血液凝固　④ 血ぺい　⑤ 血清
(2) 血小板

検討 (2)**血小板**には**血液凝固因子**が含まれており, 血液が空気に触れるとその因子が放出され, 血液凝固作用が進む。

応用問題

本冊p.48

75

答 (1) ① トロンビン　② カルシウム
③ フィブリン
(2) 線溶［フィブリン溶解］
(3) ① カルシウムイオンを取り除きプロトロンビン→トロンビンの反応を妨げる
② トロンビンによる酵素反応を妨げる
③ 生じた繊維状のフィブリンをからめ取り除去する

検討 問題の図のようにしてできたフィブリンが血球にからみついて**血液凝固**が起こる。また, このように, カルシウムイオンが血液凝固に関係するので, **クエン酸ナトリウムを加え, 血しょう中のカルシウムイオンを取り除く**と, 血液凝固を防ぐことができる。また, **低温にして酵素活性を抑える**ことでも血液凝固は防がれる。

76

答 (1) ① C　② B　③ A　④ B
(2) B－C－A

検討 脊椎動物の心臓のつくりは, **魚類が1心房1心室, 両生類・ハ虫類が2心房1心室**(ハ虫類は心室に不完全な仕切りがある), **鳥類と哺乳類は2心房2心室**。
　心室が2つに分かれていると, 肺から戻ってきた酸素の豊富な血液をそのまま全身に送ることができるが, 心室が分かれていない, または分離が不完全だと, 全身から戻ってきた酸素の少ない, 二酸化炭素を多く含んだ血液が酸素の豊富な血液に混ざった状態で全身に送ることになり酸素運搬効率は低くなる。

16 肝臓と腎臓

基本問題 本冊p.51

77

答　① A　② A　③ B　④ B
⑤ B　⑥ A　⑦ A　⑧ A
⑨ B　⑩ A

検討　**肝臓**は人体中最大の臓器で，①，②，⑥，⑦，⑧，⑩のほかに**有毒成分の無毒化**（**解毒作用**），**熱の発生**なども行っている。

②**尿素をつくる**のは肝臓の大きな役割の1つである。

⑩赤血球が破壊されると黄色いビリルビンが生じ胆管から胆汁として排出される。胆管が詰まるなどして胆汁が正常に排出されないと血中の濃度が上がり皮膚が黄色く見えるようになる黄疸（おうだん）の症状が出る。

テスト対策

▶**肝臓**は，**化学反応**によって**血中の物質濃度を調節する。**
　グルコース⇔グリコーゲン
　アンモニア⇨尿素
▶**腎臓**は，**血液成分のろ過**と**原尿からの再吸収**によって**血中の物質濃度を調節する。**

応用問題 本冊p.51

78

答　(1) グルコース
(2) ① タンパク質　② Na^+　③ 尿素
(3) 66.7倍　(4) 細尿管［腎細管］
(5) 98.8%

検討　(1)**ア**は，原尿中にはあり，尿中にはないことから，ボーマンのうへはろ過され，細尿管ですべて再吸収される物質であることがわかる。そして血しょう中のグルコースの濃度（血糖濃度）は約0.1％である。

(2)①原尿中にはない物質がろ過されない物質。②血しょう中と尿中の濃度がほとんど同じ物質。③濃縮率は，「**尿中の濃度÷血しょう中の濃度**」で計算される。

(3) $2 \div 0.03 \fallingdotseq 66.7$ 倍

(5)原尿から再吸収された水は，
$170-2=168\,\mathrm{L}$　であるから，再吸収率は，
$\dfrac{168}{170} \times 100 \fallingdotseq 98.8\%$　となる。

17 自然免疫

基本問題 本冊p.53

79

答　① 自然　② 皮膚　③ 粘液
④ 好中球　⑤ マクロファージ
⑥ 食作用　⑦ 炎症

検討　④**白血球**には好中球，マクロファージ，樹状細胞，リンパ球など多様な種類がある。その大部分を占める**好中球**は中性の染色液によく染まることからこのように呼ばれ，酸性の染色液で染まりやすい好酸球や塩基性の染色液で染まりやすい好塩基球も存在する。

応用問題 本冊p.53

答　(1) ウ　(2) エ

検討　(1)**食作用**は，体内に侵入した異物を細胞内に取り込んで排除するはたらきである。食作用を行う免疫細胞は**マクロファージ**，**好中球**，**樹状細胞**である。

(2)**ア**…**ひ臓**では，食細胞（マクロファージや好中球などの食作用を行う細胞）やリンパ球によって異物の除去が行われる。

ウ…リンパ管にはリンパ液が流れ，病原体の一部はリンパ管を経由してリンパ節へ集められる。

オ…**胸腺**では，適応免疫にかかわるT細胞の成熟や分化が行われる。

18 適応免疫とその応用

基本問題

本冊 *p.55*

81

答　(1) ① オ　② イ　③ ア　④ カ　⑤ オ　⑥ イ　⑦ イ
(2) 抗原提示　(3) 抗原抗体反応
(4) 1 度目の抗原の侵入時に記憶細胞が生じ，これが 2 度目の侵入時に短時間で増殖し，強い免疫反応が速やかに起こるため。

検討　適応免疫は大きく**体液性免疫と細胞性免疫**に分けられるが，侵入した異物を**マクロファージや樹状細胞が捕らえ**，樹状細胞の**抗原提示**を受けた**ヘルパーT細胞が活性化**してほかのリンパ球を活性化する因子を放出するまでの過程は共通している。

体液性免疫では，ヘルパーT細胞からの因子によって，**B細胞**が活性化して増殖し，抗原に対して特異的な抗体をつくる**形質細胞**になる。細胞性免疫では，ヘルパーT細胞からの因子によって，**キラーT細胞**などが活性化して直接抗原を攻撃(自己死させる因子を放出するなど)して異物を処理するようになる。

同じ抗原による 2 度目の侵入に対しては，**記憶細胞**が素早く活性化して増殖し，強い免疫反応を起こす。

82

答　(1) D　(2) A　(3) B　(4) C
(5) D　(6) D　(7) C　(8) C　(9) A
(10) D　(11) B

検討　(1)好中球がはたらくのは**自然免疫**。体液性免疫と細胞性免疫はいずれも**適応免疫**。
(2)B **細胞は形質細胞に分化する**。
(4)体液性免疫と細胞性免疫の初期の段階ではたらく**樹状細胞**は，異物を細胞内に取り込んで排除する食細胞である。
(11)移植で体外からもち込まれた他個体の細胞に対して除去にはたらくのは細胞性免疫。

83

答　(1) ワクチン　(2) 抗血清［血清療法］
(3) アレルギー　(4) HIV
(5) 日和見(ひよりみ)感染　(6) 自己免疫疾患

検討　(1)**ワクチン**とは，免疫反応を起こさせるために**無毒化**(または**弱毒化**)**した抗原**のこと。これを接種することで記憶細胞をつくり，それ以降の感染時に素早く強い二次免疫反応が起こることで発症を防ぐ。ジェンナーが牛痘という弱い病気のうみを天然痘の予防のために接種したのが始まり。
(2)**血清療法**では，あらかじめ動物に特定の抗原を投与して，特異的な抗体ができた血清(抗血清)を抽出・精製しておき治療に利用する。抗原抗体反応によって体内に入った毒などを無毒化する。
(3)**アレルギー**は，過剰な免疫反応によって発疹や粘液の分泌増加，気管支の狭窄などが起こる現象。食物として取り入れた物質や花粉などさほど害ではない物質に対する免疫反応でかえって生体に害をなす。
(4)**エイズ**(**AIDS** = 後天性免疫不全症候群)はエイズウイルス(HIV = ヒト免疫不全ウイルス)の感染によって免疫機能が低下し，健康なヒトでは発症しない感染症が起こる疾患名である。ヒト以外の動物に感染する類似のウイルスも見つかっており，FIV(ネコ免疫不全ウイルス)などが知られている。

テスト対策

免疫を利用した予防法や治療法，免疫にかかわる疾病などは，免疫のしくみのどの部分がおもに関係しているのか押さえておこう。

応用問題 本冊 p.57

84

答　(1) ① ア　② イ　③ ア　(2) Ⅰの抗原接種に対する免疫反応で記憶細胞がつくられているので，Ⅱの2回目の抗原接種で同じ抗原を接種すると，速やかで強い抗体産生が起こる。

検討　(1)②免疫反応は特異的なので初回(A)と異なる抗原(B)を投与するとBの初回接種となり，Ⅰの接種後と同程度の反応が起こる。

85

答　(1) **免疫細胞**…キラーT細胞
器官…胸腺
(2) 初回の皮膚移植の際にキラーT細胞の一部が記憶細胞となり免疫記憶が成立していたから。
(3) 免疫反応は抗原特異性をもつので，C系マウスがB系マウスと抗原の共通性をもたない場合には，アと同様，10日程度で皮膚が脱落する。C系マウスがB系マウスと抗原の共通性をもつ場合には，イのように10日より短い日数で皮膚が脱落する。

検討　細胞性免疫である移植では免疫記憶が形成されるため，同じ抗原をもつ細胞の再度の侵入に対して拒絶反応は速やかに強く起こる。

テスト対策
移植細胞への拒絶反応は細胞性免疫のはたらきが主。細胞性免疫も免疫記憶がある。

86

答　(1) (2) 下表

血液型	A型	B型	AB型	O型
凝集原	A	B	AとB	なし
凝集素	β	α	なし	αとβ
αを含む血清への反応	＋	－	＋	－
βを含む血清への反応	－	＋	＋	－

検討　血液の**凝集原**と**凝集素**において，Aとα，またはBとβの組み合わせがそれぞれ混じると凝集素を介して血球どうしが結びつき，かたまりになってしまう。しかしAとβ，Bとαといった組み合わせでは凝集しない。そのためいずれの血液型でもAとα，Bとβはいずれも片方ずつしか存在しない。
(2)A型の血液に凝集素βを加えるような，もともと含まれている凝集素を加えても凝集しない。

19 植生とその構造

基本問題 本冊 p.58

87

答　① 生活形　② 相観　③ 優占種　④ ブナ　⑤ 森林

検討　⑤優占種が草本であれば草原になり，優占種が木本ならばその植生は森林となる。

88

答　(1) 階層構造　(2) Ⅰ…高木層　Ⅱ…亜高木層　Ⅲ…低木層　Ⅳ…草本層
(3) ア　(4) イ
(5) 優占種

検討　(3)ベニシダは暖地に生息するシダで草本層。スダジイは照葉樹林の代表的な構成種で，樹高は15m以上になる。ヤブツバキは5m以上，アオキは2m以上に成長する木本。
(4)低木層は光が少なく，光が十分に当たる層の植物の葉と比べて光合成を行う組織が薄く，光飽和点，光補償点ともに低い。

89

答　① 風化　② 有機物　③ 腐植　④ b　⑤ 団粒

検討　化学肥料のみを与えられた農地は，腐植質と土壌生物のはたらきで生じる保水性や通気性が失われていく。

20 植物の成長と光

基本問題　本冊 p.61

90

答　(1) A…光補償点　B…光飽和点
C…呼吸速度　D…見かけの光合成速度
(2) 枯れる　(3) C＋Dの値を求める。

検討　グルコースの合成速度を調べるのは難しいので，光合成の反応速度は，二酸化炭素の吸収速度によって測定する。同様に，呼吸速度は二酸化炭素の放出速度によって測定する。
(2) 光補償点より弱い光のもとでは，**光合成速度よりも呼吸速度のほうが大きいため**，有機物の生成が追いつかず，植物は生育できない。
(3) **測定した光合成速度は，呼吸速度を差し引いたものである**(呼吸で放出されたCO_2も光合成に使われているが，その分はCO_2の吸収としてカウントされないから)。したがって，**真の光合成速度を求めるためには，呼吸速度と見かけの光合成速度を合計しなければならない。**

テスト対策
植物の生育と**光補償点**の関係は，次のように考えるとわかりやすい(収入が光合成で，支出が呼吸)
光補償点以上…収入＞支出→貯金ができる
光補償点………収入＝支出→貯金は0
光補償点以下…収入＜支出→赤字(生きていけない)

応用問題　本冊 p.61

91

答　(1) B　(2) 16 mg　(3) 64 mg
(4) AもBも生育する

検討　(2) グラフより光の強さ0での植物Bの呼吸速度(CO_2の放出速度)は100 cm²・1時間当たり4 mg。200 cm²で2時間であれば

$$4\times\frac{200}{100}\times2=16\text{ mg}$$

(3) 光が強くなっても呼吸速度が一定であると仮定しているので，光合成で吸収するCO_2量は**(見かけの光合成によるCO_2吸収速度)＋(呼吸によるCO_2排出速度)**で求められる。
10000ルクスの条件下での植物Bの光合成によるCO_2吸収速度は16 mg/(100 cm²・1時間)となるから，200 cm²の葉2時間当たりでは

$$16\times\frac{200}{100}\times2=64\text{ mg}$$

(4) 植物Aの1日の光合成量は，
$3\times10=30\text{ mg}/100\text{ cm}^2$
また，植物Aの1日の呼吸量は，
$1\times24=24\text{ mg}/100\text{ cm}^2$
で，光合成量＞呼吸量なので生育できる。
同様に，植物Bの1日の光合成量は，
$10\times10=100\text{ mg}/100\text{ cm}^2$
また，植物Bの1日の呼吸量は，
$4\times24=96\text{ mg}/100\text{ cm}^2$
で，光合成量＞呼吸量なので生育できる。

21 植生の遷移

基本問題　本冊 p.63

92

答　① 遷移　② 一次遷移
③ 二次遷移　④ 先駆種［パイオニア種］
⑤ 草原　⑥ 陽樹　⑦ 陰樹　⑧ 極相

93

答　① 草原　② 陽樹　③ 陰樹
④ ア　⑤ ウ　⑥ イ　⑦ オ
⑧ エ

テスト対策

遷移の各段階で見られる植物には次のようなものがある(暖温帯)。

草　原…ススキ，イタドリ，ヨモギ，チガヤ
低木林…ウツギ，ヤマツツジ，ヤシャブシ，ヌルデ，アカメガシワ
陽樹林…アカマツ，コナラ，クヌギ
陰樹林…スダジイ，カシ類，クスノキ

答　(1) A…イ　B…ウ　C…ア　(2) イ

検討　A～Cの変化は，草原→陽樹林→陰樹林への遷移。
(2)陽樹林→陰樹林への遷移は，光補償点の低い陰樹の幼木が暗い林床で生育できることによる。

応用問題

本冊p.64

答　(1) イ　(2) イ　(3) スダジイ　(4) ウ

検討　**被度**とは植物体がその地域(区分)の中で占めている面積の割合のことである。
(1)干拓地の成立年代の新しい地点だけに出現している種が陽生植物。
(2)陽樹のアカマツ林が**a**で成立し，陰樹のタブノキが優占する**c**までが約260年差，アカマツが見られない**d**までが約310年差。
(3)タブノキもスダジイも陰樹であるが，タブノキ林(**c**～**e**)からスダジイ林(**f**～**g**)への遷移が表から読み取れる。
(4)光補償点は低い。

答　(1) ②　(2) ②

検討　(1)植物の地下部がもつ役割には，水分や養分(窒素，リン，カリウムなど)の吸収・保持と植物体の支持がある。

22 気候とバイオーム

基本問題

本冊p.67

97

答　a…熱帯多雨林・⑥　b…雨緑樹林・⑧
c…サバンナ・⑩　d…砂漠・④
e…照葉樹林・⑨　f…硬葉樹林・②
g…ステップ・③　h…夏緑樹林・①
i…針葉樹林・⑦
j…ツンドラ・⑤

検討　年間降水量が**1000 mm**以上の地域で**森林**に，**300 mm以下**では**砂漠**に，その中間が**草原**となる。森林は気温の高い方から順に熱帯多雨林－照葉樹林－夏緑樹林－針葉樹林となる。

98

答　① イ　② ア　③ エ　④ ウ
A・B…a・d　C・D…f・g　E・F…c・h
G・H…b・e(A・B，C・D，E・F，G・Hはそれぞれ順不同)

テスト対策

〔日本のバイオームと植物例〕
亜熱帯多雨林…ガジュマル，アコウ，ヒルギ
照葉樹林…シイ，カシ，クスノキ，タブノキ
夏緑樹林…ブナ，カエデ，ミズナラ，ケヤキ
針葉樹林…エゾマツ，トドマツ，コメツガ

99

答　(1) 垂直分布　(2) A…丘陵帯［低地帯］
B…山地帯　C…亜高山帯　D…高山帯
(3) A…ウ・ク　B…カ・キ　C…イ・オ
D…ア・エ　(4) ① B帯　② C帯

検討　一般に，標高が100 m上がるごとに気温は約0.6℃下がる。本州中部では**丘陵帯**(低地帯)に**照葉樹林**，**山地帯**(低山帯)に**夏緑樹林**，**亜高山帯**に**針葉樹林**が成立する。(3)**C**…コメ

ツガやシラビソは針葉樹林の代表種。D…**高山帯**は低温と乾燥・強風などの影響で森林は成立せず，ハイマツなどの低木やコマクサ・チングルマなどの高山草原が見られる。

100

答　(1) A…④　B…②　C…③　D…①　E…⑧

(2) ① A　② E　③ C　④ B　⑤ D

(3) ア

検討　(2)②コマクサは馬の顔のような形をした(駒＝馬の意味)ピンク色の花を咲かせる高山の草本植物。ハイマツは風の強い高山気候に適応した，地面を這うように地上部を伸ばすマツのなかま。⑤コメツガやトウヒは亜高山帯や北海道に見られる針葉樹。

(3)**森林限界**は亜高山帯と高山帯の境界にあたる。

> テスト対策
>
> ▶**おもな高山植物**
>
> **コマクサ・ハイマツ・コケモモ**
>
> キバナシャクナゲ・ミヤマウスユキソウ

応用問題 本冊*p.69*

101

答　(1) ウ　(2) 針葉樹林

(3) X…雨緑樹林　Y…亜熱帯多雨林

(4) イ，ウ，エ

検討　Aの植生は，年平均気温が10℃前後，年間降水量が400 mm弱なので**温帯草原**となる。C・Dとも熱帯で降水量も1000 mm以上なので森林が成立する植生であり，年間の降水量が少ない都市Cは，熱帯や亜熱帯のうち，雨季と乾季がはっきりと分かれているバイオームで**雨緑樹林**となる。

(4)**アイエ**…雨緑樹林は夏緑樹林よりも低緯度にあり林冠の受光量は大きく，乾季に葉を落とすので林床の受光量の変化も大きい。

23 生態系の成り立ち

基本問題 本冊*p.71*

102

答　① 非生物的　② 生態系　③ 作用　④ 環境形成作用

検討　①無機的環境ともいう。

③④**作用**と**環境形成作用**は対になる関係であり，作用の一部に環境形成作用が含まれるわけではないので注意。

103

答　① 環境形成作用　② 作用　③ 作用　④ 作用　⑤ 環境形成作用

検討　①植物の生命活動が大気の組成に影響を与えている。

②キクなどの花芽形成には日長の変化(一定以上の長さの暗期)が影響している。

104

答　① 生産者　② 消費者　③ 分解者

検討　①植物など無機物から有機物を合成することができる生物(独立栄養生物)は，その有機物が生態系のすべての生物の栄養源となることから**生産者**と呼ばれる。これに対し，有機物をほかの生物から摂取することで生きている生物(従属栄養生物)は**消費者**と呼ばれる。消費者のうち生物の死がいや排出物の有機物を栄養分として利用し無機物(CO_2とH_2O)に分解する菌類(カビやキノコのなかま)や細菌類などの生物は**分解者**とも呼ばれる。

答　① 食物連鎖　② 栄養段階　③ 食物網

106

答　① D　② C_1　③ C_2　④ P　⑤ C_1　⑥ D

検討　菌類は分解者，植物食性動物は一次消費者，光合成を行う独立栄養生物は生産者である。③動物食性。⑤植物プランクトンを食べる。

応用問題

本冊 *p.72*

107

答　(1) ① b　② d　③ a
(2) Ⅰ…生産者　Ⅱ…一次消費者　Ⅲ…二次消費者　Ⅳ…三次消費者
(3) 菌類　(4) 食物網
(5) 生物量ピラミッド　(6) イ

検討　(1)①カラ類は小型鳥類でシジュウカラやコガラなどがいる。昆虫を食べ，これらの鳥類に捕食されるのは**a**～**f**のうちクモのみ。
(3)ここでは分解者でもある菌類を，食物網の中の一次消費者として扱っている。
(6)カラ類による捕食が抑えられ，被食者であるフユシャクガやほかの食葉性昆虫が増加，ナラの木が受ける食害の増加が予測される。ほかのえさもあるイタチが絶滅するとは考えにくい。

24 多様性と生態系のバランス

基本問題

本冊 *p.74*

108

答　(1) ① 増加　② 減少　③ 減少
(2) ア　(3) 間接効果

検討　(1)③ジャイアントケルプの数が減少したことで，ジャイアントケルプを産卵場所や隠れ家にしていた魚類や，その魚類を食べるアザラシなどの動物の数も減少した。
(2)**キーストーン種**とは食物連鎖における上位種で，その増減が生態系に大きく影響を及ぼす生物である。
(3)ラッコとジャイアントケルプには捕食-被食の関係はないが，間にウニを介することで，間接的な影響を互いに受けている。

109

答　A，D

検討　A…かく乱には，山火事や台風などの自然現象によって発生するかく乱と，人間活動によって発生するかく乱（**人為的かく乱**）がある。
B…山火事などの比較的小さなかく乱では，復元力がはたらくことで生態系はもとの状態に戻る。
CD…復元力以上のかく乱（火山の噴火，人間活動による土地の改変など）が起こると，生態系は大きく崩れ，もとの状態に戻らないことがある。

110

答　(1) A…イ　B…ウ　C…エ　D…ア
(2) E…c　F…d　G…b　H…a

検討　水中の有機物（A）は細菌（H）のはたらきでCO_2やアンモニウムイオン（C）などの無機物に分解されるが，その際に多量の酸素を消費するため溶存酸素（B）が減少する。細菌が増加すると，細菌を捕食するユスリカの幼虫（E）が生息する環境となる。硝化菌のはたらきでアンモニウムイオンが硝酸イオン（D）となると，それを栄養とする藻類（G）が繁殖して光合成を行い，溶存酸素量も増加する。

111

答　① ② イ・エ（①と②は順不同）
③ カ　④ キ　⑤ ケ　⑥ ア

検討　①②リン・窒素・カリウムは肥料の3要素と呼ばれ，植物の生育に不可欠な元素。そのうち窒素やリンは生活排水に多く含まれ，十分に除去されずに川や海に大量に放出されると富栄養化が進み，植物プランクトンの大量発生の原因となる。

⑤植物プランクトンの大量発生により海が赤くなる現象が**赤潮**。淡水では水面がアオコ(シアノバクテリアの一種ミクロキスティス)の大量発生により緑色になる**アオコ**(青粉)が見られる。**青潮**は硫化物を含んだ有毒で無酸素状態の海水で，これが海中に広がると水生生物の大量死が発生する。黒潮は太平洋側を流れる暖流(日本海流の別名)。

応用問題

本冊 *p.75*

112

答　フジツボとイガイはこの磯において固着生活の場をめぐる競争に優れていたが，ヒトデによって捕食されなくなったため増加し，岩場を優占するようになった。イソギンチャクと紅藻は生活場所をめぐる競争に敗れ，ほとんど見られなくなった。ヒザラガイとカサガイも食物である紅藻の減少によってほとんど見られなくなった。カメノテは生活の場として適する条件がフジツボやイガイと異なるため影響を受けなかった。イボニシはヒトデによる捕食の割合が低く，影響を受けなかった。

検討　イボニシは食物であるフジツボとイガイが増加し，さらに捕食者であるヒトデが除去されたことで個体数は増加したと考えられるが，ヒトデに捕食される比率がもともと低かったことと，固着生物の増加は占める面積を広げるということなのでそれに応じて増加したイボニシの密度としては大きな増加はみられなかったと考えられる。

均質な条件下で種間競争を行わせると競争に負けたほうの種は姿を消すことが多いが，カメノテはおもに岩のすき間に固着し，フジツボやイガイと共存が可能であった(これを**すみわけ**という)ことが考えられる。

この例ではヒトデの存在が多様な種の共存を可能にしており，**キーストーン種**としての役割を担っている。

25 生態系と人間活動

基本問題

本冊 *p.77*

113

答　(1) ① 赤外線　② 温室効果　③ 森林　④ 化石燃料　(2) ア・エ　(3) イ

検討　(1)④化石燃料は太古の生物が地中に蓄積されてできた石油や石炭などのことで，化石燃料の燃焼は現在の生態系における炭素の循環の外からCO_2を増やす要因となる。

(2)森林が伐採されると直射日光による温度上昇などで土壌中の有機物の分解速度は上昇する。ふつうの耕作地も実はこれと同様にCO_2を放出している。

(3)**ア**…気候の変動によりもともと栽培されていた作物がその地の気候に適さなくなることもある。**ウ**…温暖化が進んだ場合，以前と同じ環境条件を求めるならば，標高は高いほうへ，北半球では北上しなければならない。

114

答　(1) ① A　② B　③ B　④ B　⑤ A　⑥ B　⑦ C　⑧ A　⑨ A　⑩ A

(2) レッドリスト

検討　(1)③④⑦⑨…ハブの駆除の目的で沖縄にもち込まれたマングースは，ハブをほとんど捕食せずに沖縄本土の固有種であるヤンバルクイナや奄美大島の希少種であるアマミノクロウサギを捕食し，生態系に大きな影響を及ぼした。

115

答　24倍

検討　$\dfrac{0.48\text{ mg} / 100\text{ g}}{0.02\text{ mg} / 100\text{ g}} = 24$倍

116

答　① ウ　② イ　③ ア　④ エ

応用問題 本冊p.78

117

答 (1) ① ウ ② ア ③ エ ④ イ

(2) (1種ずつ解答)哺乳類…(例)イリオモテヤマネコ，ツシマヤマネコ，ケナガネズミ，ツキノワグマ，鳥類…(例)アホウドリ，タンチョウ，ノグチゲラ，シマフクロウ，クマゲラ

(3) エ

検討 (1)もともとその地域にいなかったのに，人間の活動によってもち込まれた生物のことを**外来生物**という。**外来生物が問題とされる**のはおもに以下の理由による。①在来の生物を捕食することにより，本来の生態系が乱される。②在来植物との光をめぐる競争や，在来動物との生活の場や食物をめぐる競争を起こす。③近縁の在来生物と交雑して雑種をつくってしまい，在来生物の遺伝的な独自性が失われる。特定外来生物を指定する外来生物法は，おもに人間の移動や物流が盛んになり始めた明治時代以降に外国から導入された生物を対象としている。

(3)ア…1997年のオオクチバスの移入以降，在来種は減少した。

イ…2000年の小型在来魚の大幅な減少の原因と見られる変動が中・大型在来魚の変化に見られない。

ウ…オオクチバスによって小型在来魚が大幅に減少したことから，種の多様性は高くなったとはいえない。

オ…オオクチバスの移入以降，中・大型在来魚よりも小型在来魚が大幅に減少した。

118

答 里山　しくみ…森林から樹木を伐採して燃料に，落ち葉や下草を肥料などに適度な量採取することによって林床まで光が入る状態が保たれ，遷移が極相まで進まず多様な生物が生活する環境が維持される。

検討 人の手が入らず極相まで遷移が進んだ森林は林床が暗い陰樹林で，植物の種類も少なくなり，動物の食物や生活の場としても多様性が失われるため生息する昆虫や脊椎動物などの種数も陽樹林に比べて少ない。里山に見られる生態系は人為的に遷移を止めて多様性が維持された例といえる。